JN064063

イメージギャラリー

本書中で紹介している作例画像のカラー版です。

図 1-1 《Suprematisme》 https://www.wikiart.org/en/kazimir-malevich/suprematism-1915-4

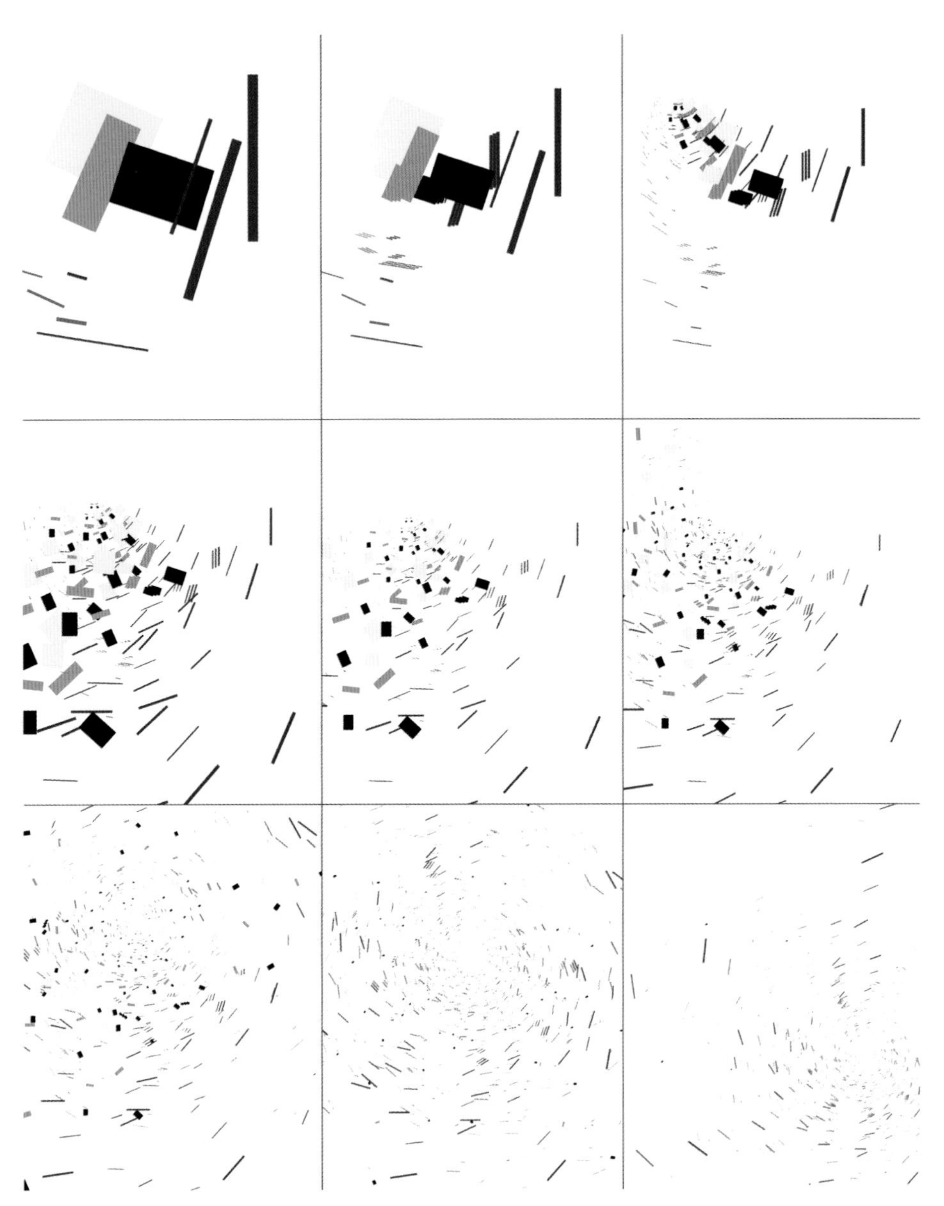

図 1-2

図 2-1

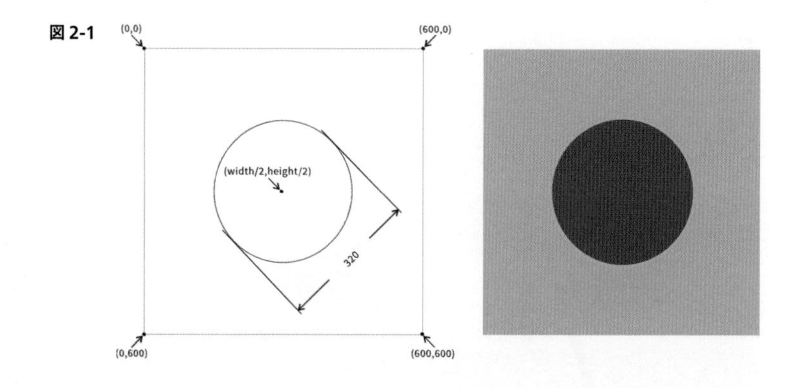

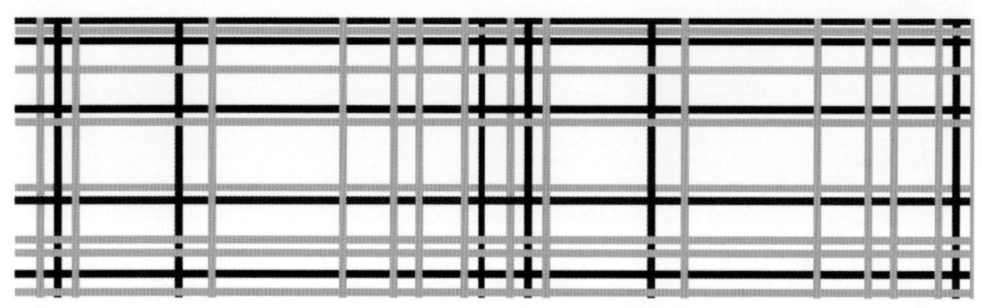

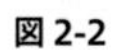
図 2-2

図 2-3

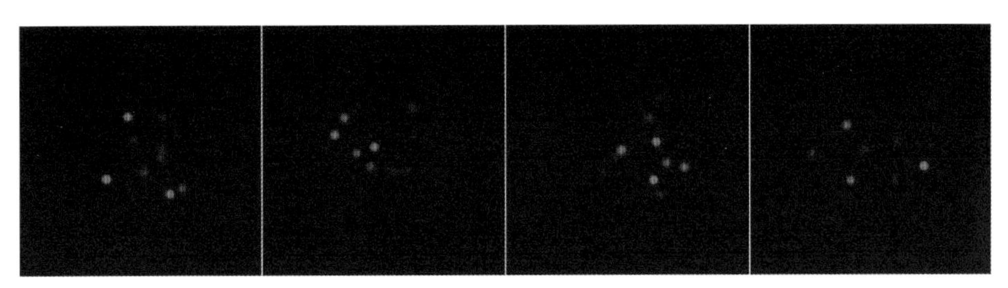

図 3-1

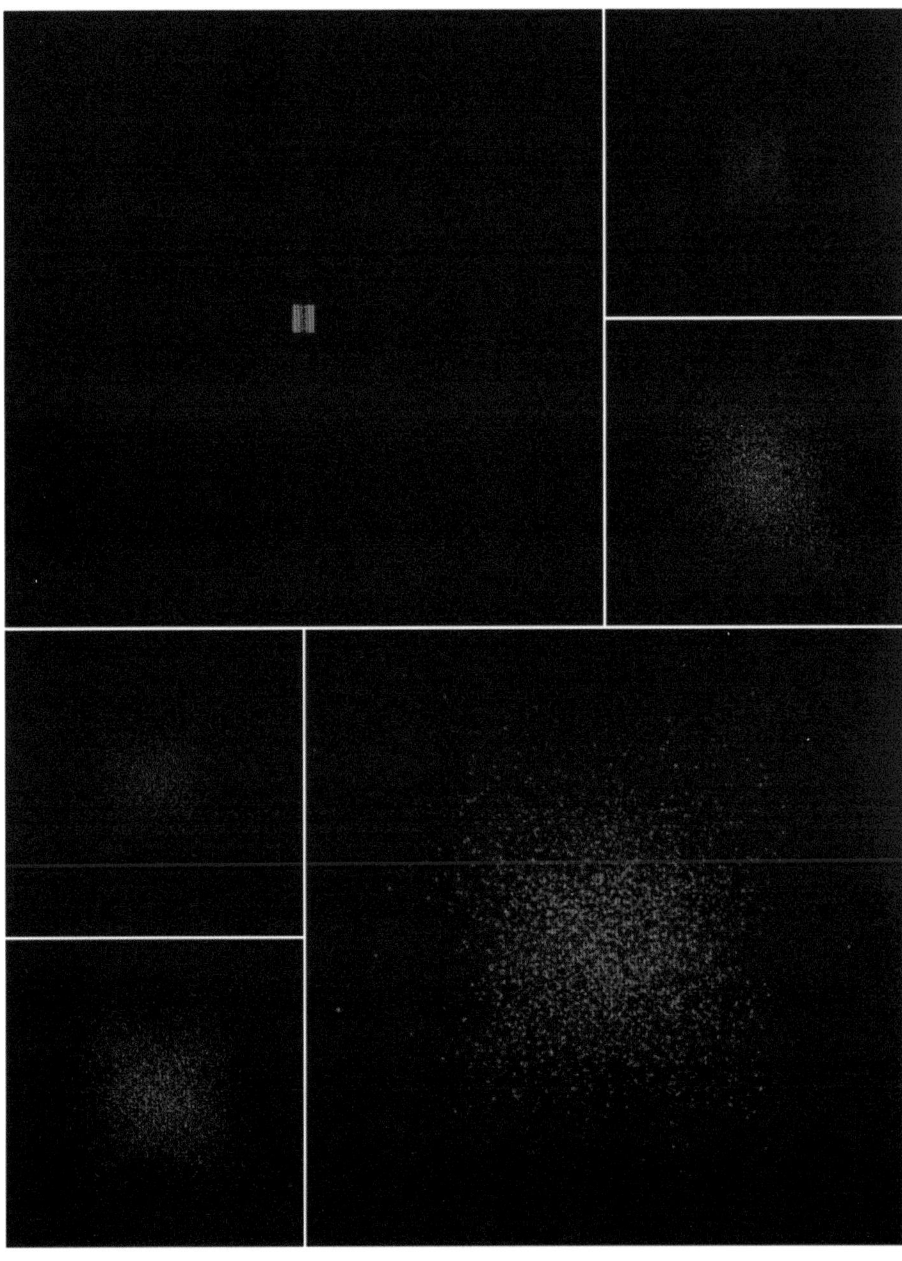

図 3-2

図 3-3

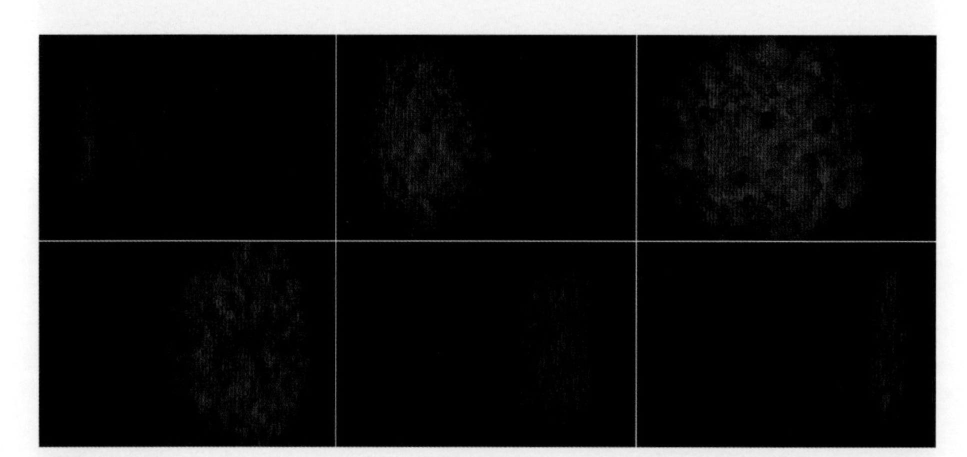

図 3-4

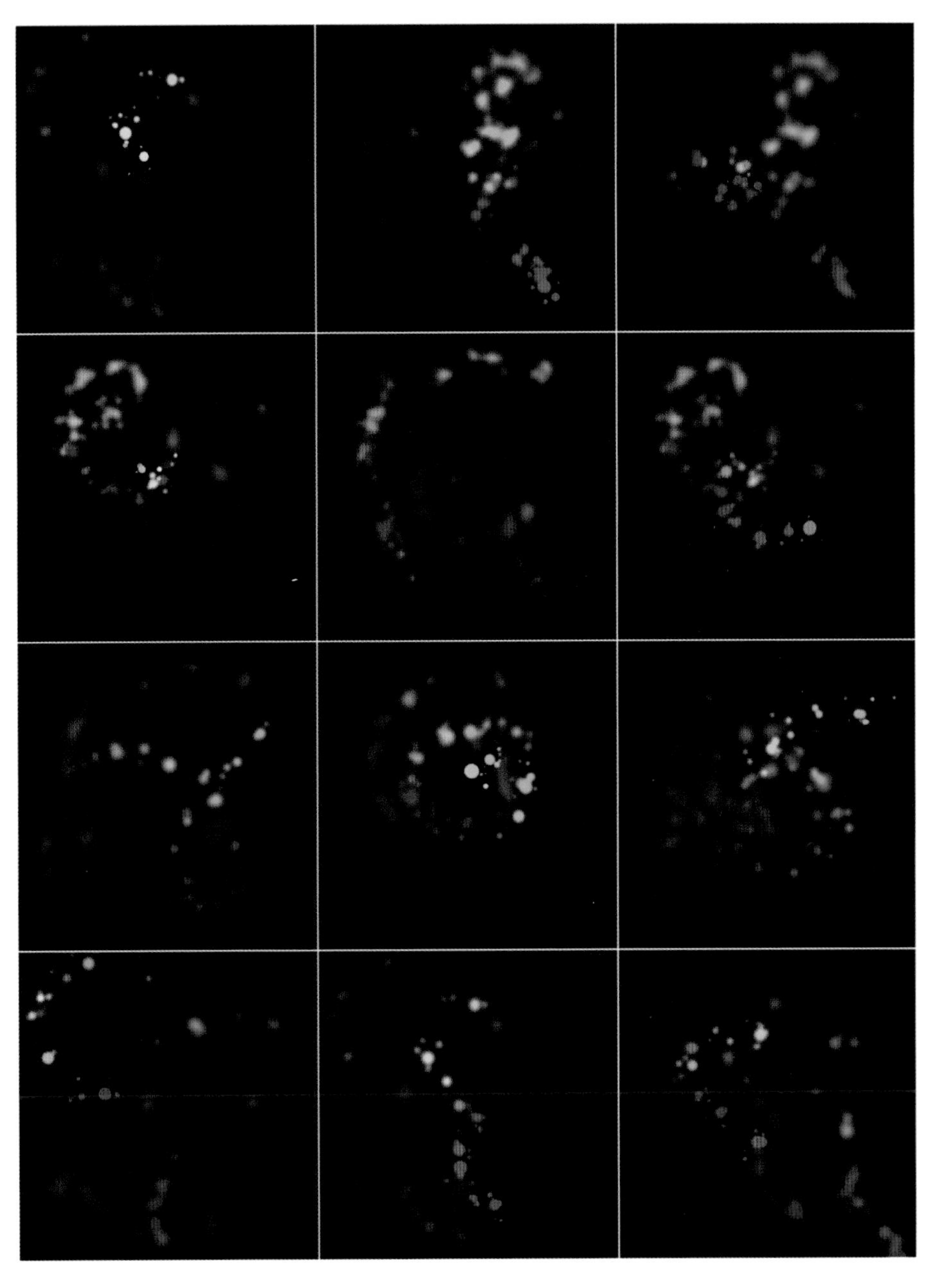

図 4-1

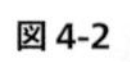
図 4-2

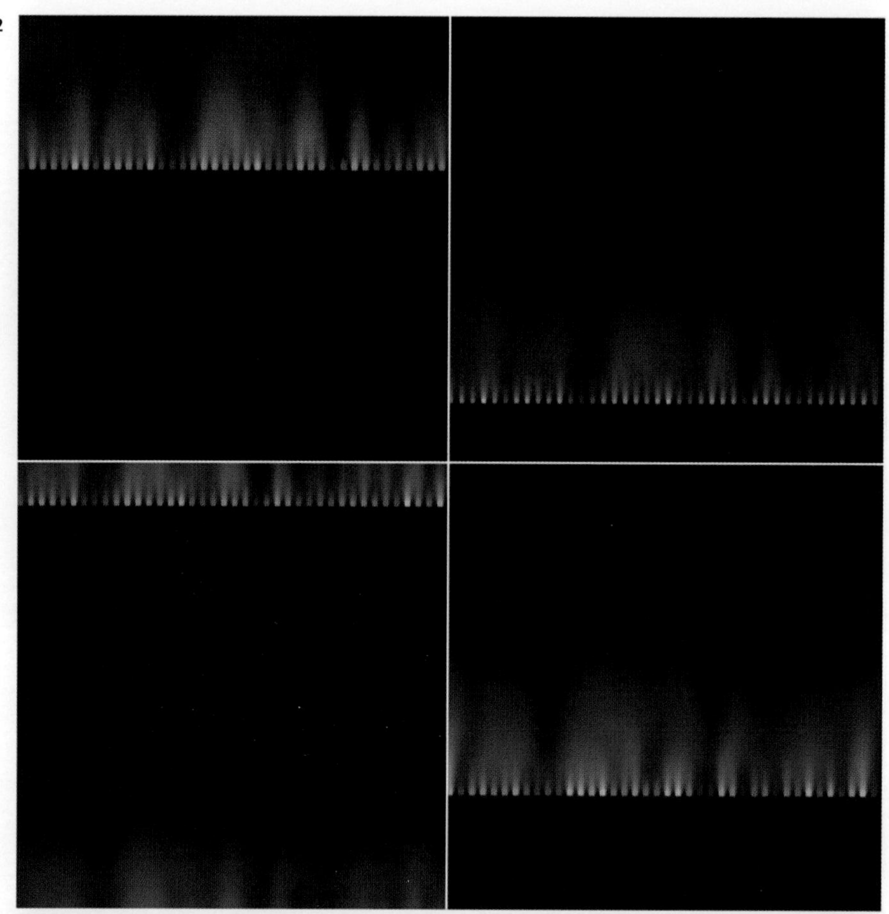

図 4-3

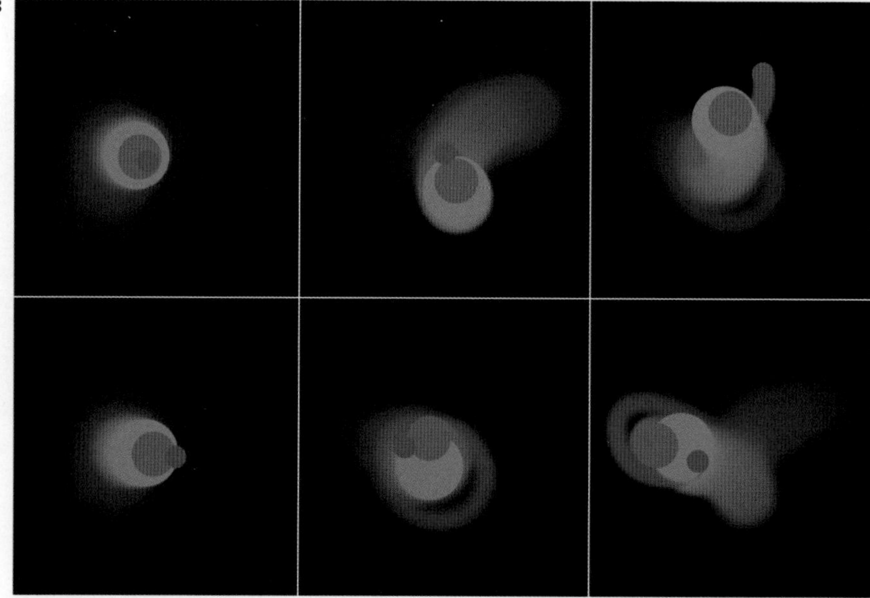

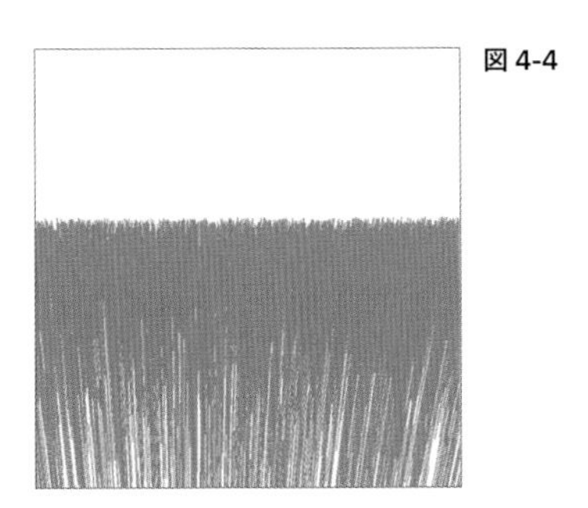

図 4-4

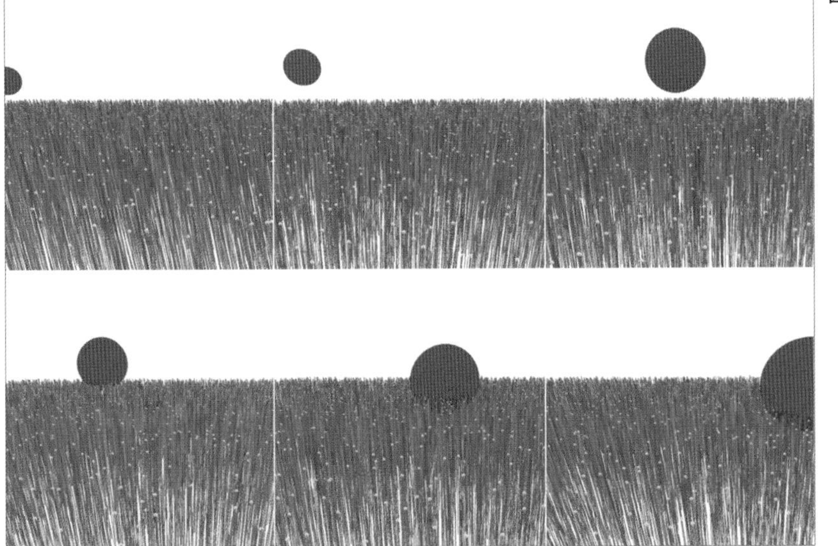

図 4-5

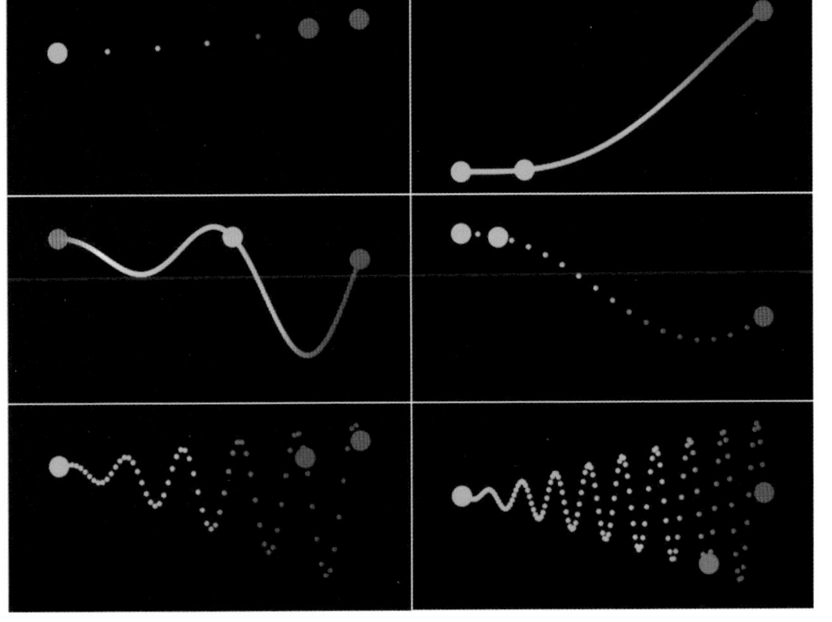

図 4-6

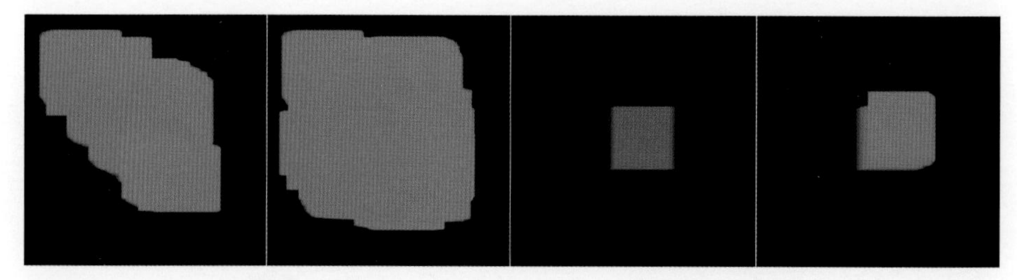

図 5-1

図 5-2

図 6-1

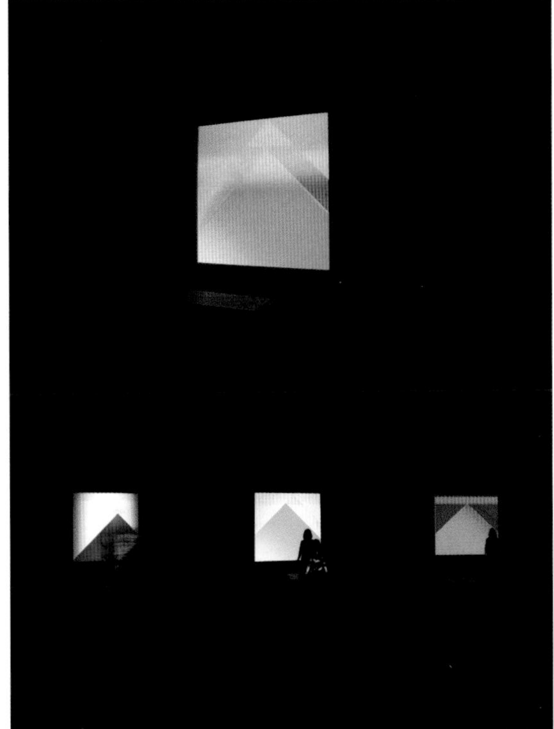
図 6-2

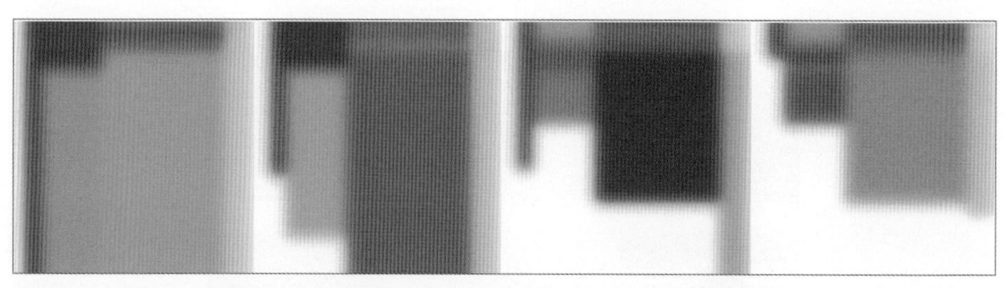

図 7-1

図 7-2

図 7-3

図 7-4

図 7-5

図 7-6

図 7-7

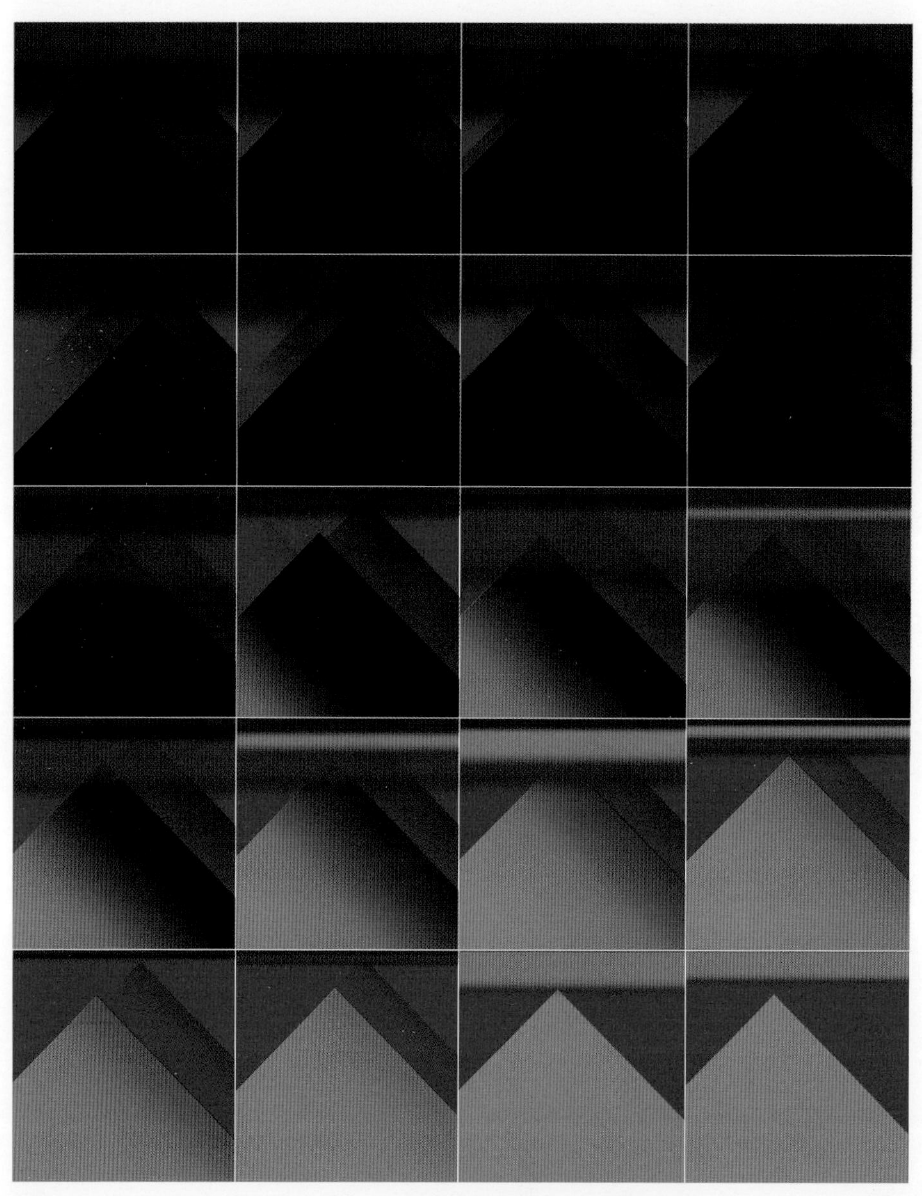

図 7-8

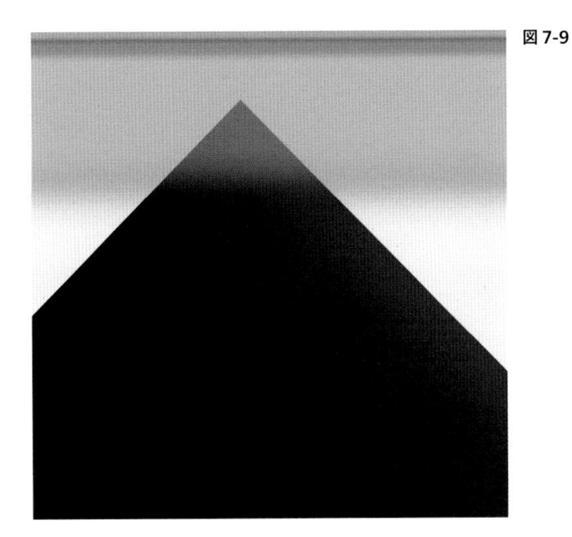
図 7-9

図 7-10

図 7-11

たのしいクリエイティブコーディング

Processingで学ぶコード×アート入門

ユ・ジャン、マティアス・ファンク｜著　杉本達應｜訳

BNN
Bug News Network

Coding Art
The Four Steps to Creative Programming with the Processing Language

First published in English under the title
Coding Art; The Four Steps to Creative Programming with the Processing Language
by Yu Zhang and Mathias Funk, edition: 1

The Japanese edition was published in 2023 by BNN, Inc.
1-20-6, Ebisu-minami, Shibuya-ku,
Tokyo 150-0022 JAPAN
www.bnn.co.jp

目　次

第3部 コーディング実践 179

凡例：訳注は〔 〕で括っています。

訳者まえがき

杉本達應

本書は、『Coding Art: The Four Steps to Creative Programming with the Processing Language』の日本語版です。著者はオランダを拠点とするインディペンデント・アーティストのユ・ジャンとデザイン教育者のマティアス・ファンク。詩的で深遠なアートワークは、マーク・ロスコなどの作品にインスパイアされています。そんな本書の特徴は、プログラミング技法の解説に加え、アーティストの実体験から導き出された制作プロセスのステップと概念から構成されているところにあります。

「アートをつくる素材」としてのプログラミングは、アート／デザイン系の専門教育のカリキュラムにすでに導入され定着しています。作品の形態はスクリーンだけでなく、フィジカルな空間においても多様になりました。コーディングによる創作環境は数多くありますが、本書で利用している Processing は、アーティストやデザイナーに向けたプログラミング環境として草分けの存在です。

「定着」と言いましたが、とはいえ多くのクリエイターがコーディングしているわけではありません。むしろ、クリエイティブ業界に特化したアプリケーションを使うのが主流です。この種のアプリケーションは、確立したワークフローに沿って、効率的に制作できるように最適化されています。そうした便利なツールに比べると、Processing のようなコーディング環境はシンプルすぎて、遠回りに見えてしまうかもしれません。

しかし、既存のツールだけでは表現しきれないこともあります。個人的な美的経験を表現しようとするとき、デジタルメディアの特質を問い直したいとき、それに先端的なテーマを追求したいときには、独自のコードが必要になります。取り組む課題によっては、クリエイターだけでは達成できず、外部の専門家と協働しなければいけません。共同作業するにも最低限のコードの知識が求められます。

はじめてコードに取り組む人は、数々の困難に直面します。私も路頭に迷ったことがありますし、教育者としてもプログラミングを学びはじめた人たちが苦労するのをたくさん見てきました。そのため、本書が提示する課題への対処には共感するところがあり、世界共通の悩みがあるのだと実感しました。なお、クリエイティブコーディングの教育に携わる方には、書籍『Code as Creative Medium』（BNN、2022年）に多数の教育者のインタビューや課題例が掲載されていますので、こちらも一緒に読まれることをおすすめします。

本書は最初から順番に読むことも、目次で気になったところから読むこともできます。クリエイターの心構えもカバーしているので、制作で行き詰まったときにはアドバイス集としても役立ちます。なかでも、作品発表という輝かしい表舞台の「舞台裏」のノウハウがたくさん紹介されています。バックステージ化による細部の調整や、発表時の失敗を避け安定性を高める方法など、これほど具体的かつ詳細にまとめた本は見たことがありません。

読み進めていると、突然難しい内容が飛び込んでくることがあります。理解できないところがあっても心配しないでください。動作するサンプルはあるので、オンラインのリファレンスを確認しながら、1行ごとの動作を読み解き、全体として何を目指しているかの全体像をつかむことができます。どうしてもわからなければ、ひとまず読み飛ばしてもかまいません。困ったことがあれば、経験者にたずねてみてください。質問する相手が身近にいない場合は、オンラインコミュニティに助けてもらうこともできます。日本にはProcessing Community Japan（https://processing.jp/）があり、活発なやりとりが行われています。

読者のみなさんには、この本で学んだことをぜひ広めていただきたいと思っています。クリエイティブコーディングを学んで得られることは、ツールやスキルの習得にとどまりません。自分の信念をつらぬき、できないと思っていた課題に挑戦する姿勢も獲得できます。作っていくなかで、この分野を切り拓いた先駆者たちへの敬意も生まれます。こうした経験知は個人のなかに積み上がっていきますが、外からは見えづらいものです。本書のように、制作プロセスを振り返り、気づいた点を語ってみてはいかがでしょうか。きっと未来の挑戦者たちの道しるべになるはずです。

日本語版の翻訳にあたっては、多くの方々のお世話になりました。原著者のお2人には、疑問点を確認していただきました。日本語版の企画と編集は、ビー・エヌ・エヌの村田純一さんによるものです。クリエイティブコーディングの良書をたえず刊行している同社の意気込みにいつも感謝しています。松川祐子さんのブックデザイン、高尾俊介さんによるカバーグラフィックで素敵な本に仕上がりました。ありがとうございました。

みなさんの新たな創作への挑戦に、本書はよきパートナーになってくれます。クリエイティブコーディングで、オリジナルの絵筆をつくる旅に出かけましょう！

《本書の使い方》

◯動作環境について

本書はProcessingのバージョン4.2で動作確認をしています。ProcessingはmacOSでもWindowsでも利用可能です。以下よりダウンロードしてください。
https://processing.org/download

◯作例について

本書で解説する作例は、Processingにプリセットされています。Processingを起動したら、「ファイル→サンプル ...」を選択し、「サンプル追加」をクリック、「Examples」タブより「Coding Art Book」を選択後、「↓ Install」をクリックしてください。

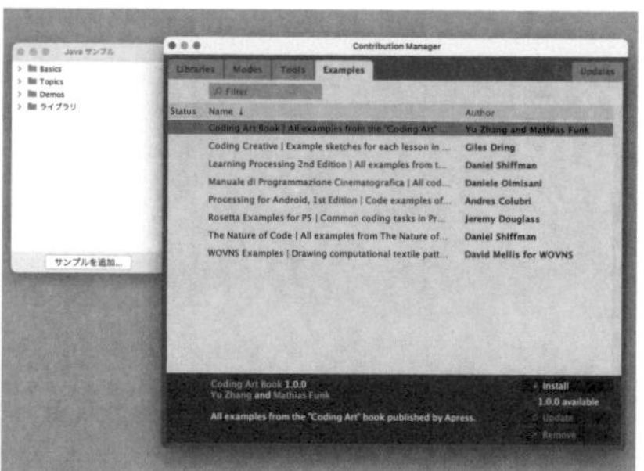

また、以下の本書公式サイト（英語）内の「Coding Art example library」からも作例のサンプルコードをダウンロードできます。
https://codingart-book.com

◯コードについて

紙幅の都合上改行しているところには、行が続くことを示す記号■を入れています。

第1章 はじめに

アートの世界にはテクノロジーが織り込まれていて、実に革新的で遊び心に満ちています。洞窟壁画にはじまり、遠近法、斬新な色、照明の活用から、印刷技術、マシンやコードを取り入れることに至るまで、アートがその枠を壊し、形を変え続けてきたことを示す作品群があります。21 世紀が到来する前から、すでにアーティストはコードやプログラムされたマシンを使ってアートを生成し、アートの地平を広げていきました。

テクノロジーを扱ったアート作品は数多くあります。過去 70 年間にわたり、こうした作品は発展してきました。その道のりをたどるのは興味深いことです。たとえば、ゲオルグ・ニース（Georg Nees）、マイケル・ノル（Michael Noll）、ヴェラ・モルナール（Vera Molnár）、フリーダ・ナーケ（Frieder Nake）といったコンピュータアートの先駆者たちは、ある程度のランダム性やフラクタル、再帰のアルゴリズムをコードによるスケッチに取り入れました。また、Processing の開発で知られるケイシー・リース（Casey Reas）のようなその次の世代のアーティストは、プログラミング言語を通じて芸術的なアイデアを拡張しました。ジャレッド・ターベル（Jared Tarbell）のようなアーティストは、実データを作品制作に取り入れ、複雑さとデータの利用可能性を結びつけます。こうした作品のほとんどで、コンピュータアーティストが作品のソースコードを公開しているのは注目すべきことです。そのおかげで、私たちはコードから学ぶことができます。

本書で主張したいのは、クリエイティブな作品に現代のテクノロジーや機械を取り入れることは、「創造的表現」とけっして矛盾するものではないということです。むしろ、テクノロジーをうまく使うことで、クリエイターが新たな方向に一歩踏み出し、新しいアイデアを生み出し、最終的に作り手の理想とする表現の形を見出すことにつながるのです。

なぜ、データや情報をアートで使うのでしょうか。データを使うことで、人体や宇宙からの信号、今日の社会問題、世界中で起きている重要な出来事と作品を結びつけることができるのです。データが流れることで、クリエイティブな作品が「いきいき」としたものになります。データを視覚的、聴覚的に表現することで、世界で起きていることを解釈することができます。つまり、注目されているニュースに別の解釈の枠組みを提供するのです。こうした作品は、反応したり、独自のデータを作り出すことさえあります。

なぜ、クリエイターにとって相互作用（インタラクション）が重要なのでしょうか。アート作品におけるインタラクションは、観賞者ひとりひとりと、または鑑賞者全体と、コミュニケーションする回路を開くものです。インタラクションは、作品をより没入感のあるものにし、鑑賞者がアーティストのアイデアに新しいかたちで関わることができるようになります。情緒豊かにアートと関わりたい人もいれば、理性的なアプローチを好む人もいるでしょう。クリエイターは、インタラクティビティを定義し制限することでコントロールします。完全に何でもできるものから、作品全体の美学とメッセージを保つために、細かく制約を設けたものまであります。インタラクションによって、世界に対する多様な視点を見せる多面的な作品を作り出し、未知の領域を探求できるようにもなります。

コンピュテーションとコードを使うことで、クリエイターは素材や分野に縛られることなくアイデアを表現できます。作品はストレートに概念的（コンセプチュアル）なものになり、見る人の心を動かすあらゆる形態に表現（レンダリング）できます。つまり、芸術的なコンセプトをコードやマシンへの指示として表現することで、さまざまな方法で出力することができるのです。レンダリングした画像をポストカードやTシャツに印刷したり、ビルにアニメーションを投影したり、世界中に公開したインターネット上のスクリーンに表現力豊かなインタラクションを作ったりもできます。実世界の物質から切り離すことで、他人の手に渡っていったり、他人によって変えられたりする可能性をもつ、そのとき限りのアートが生まれます。

テクノロジーは、最終的に適用したものを変容させてしまうのです。これから、創造的な観点からその変化を起こす方法を紹介していきます。

1.1　コーディング・アート

「コーディング・アート」とは、いったい何でしょうか。この言葉〔本書の原書タイトルは『Coding Art』〕はあえて曖昧にしています。アートをコード化する手法から、創造的な表現としてコーディングする行為まで、さまざまな意味を含ませています。おそらくみなさんの心に最も響くメッセージは、この中のどこかにあるはずです。

本書における「コーディング」とは、ある言語から別の言語へと、たとえば自然言語からコンピュータの言語へと意味を翻訳する行為のことを指しています。どの翻訳でもそうですが、翻訳するということは、翻訳先の言語で表現されたものを解釈できる人が変わることを意味します。そして、その解釈がどんな結果をもたらすかについても考えを巡らすことになります。自然言語に翻訳する場合、どのように考え行動するだろうかと相手の身になって考えます。マシンに向けて翻訳する場合、「コンピュテーショナル・シンキング（計算論的思考）」[1,2,3] と呼ばれる能力が求めらるのです。

コードの書き方を学ぶことは、外国語会話を学ぶのによく似ています。理論的なアプローチで語彙や文法を学んでから会話しようとする人がいる一方で、会話から始めて、その背後にある言語の構造を徐々に理解する人もいます。状況にもよりますが、どちらのアプローチもうまくいくでしょう。

コンピュータのコーディング技法やプログラミング言語を教える場面でも、双方のアプローチが使われてきました。コーディングには、非常に理論的にアプローチする方法があります。この場合、しばしば学習曲線が急峻になり、言語設計者が知っておいてほしいとする膨大な知識を必要とします。一方、複雑な作例に入る前に、基本を教えるシンプルな作例で遊びながら慣れていく方法もあります。作品制作においては、後者の「会話」から始めるアプローチの方がはるかに効果的だと強く感じています。ただし、こうしたゆるいアプローチだと、限界にぶつかることもよくあります。おもちゃのような作例から、役に立ち、複雑で込み入ったものへとステップアップするには、どうしたらよいのでしょうか。この壁を突破することは難しく、私たちが本書を書く所以でもあります。

1.2 コーディングを学ぶ理由

あらゆる仕事は、困難なことを、明確なアプローチや技術を活用し、優れた品質で実行しようとするものです。このことは、エンジニア、研究者、マーケター、ビジネスパーソンにも当てはまります。クリエイターにとっての「困難なこと」とは、数多くの選択肢、制約、関係性の中から意味や目的を生み出すことです。ものを作ることはとても人間らしい行為で、直感と身につけた知識の両面から課題に挑むことを意味しています。クリエイターは、制作プロセスでさまざまな技術を使いますが、コーディングもそうした技術のひとつです。本書のコーディングの利用は、クリエイティブな作品制作のためのもので、コーディングの論理と構造を理解することで意味を構築しようとする状況を踏まえています。私たちは、筋金入りのプログラマーでも単なるエンドユーザーでもなく、コーディングを創作のツールとして使っているのです。

1.2.1 「マシン」と対話する方法

アート、デザイン、テクノロジーという、それぞれ固有で別々の特性に直面したクリエイターが、コードを使った制作やコーディングの実践に取り組みながら、「どのように始めて」「どのように続けて」「どのように終える」のかという問いに苦悩しているのを目にしてきました。本やエッセイを書くのと同じで、コードを書くのも難しいものです。個々の文脈や条件のもとでアイデアをコード化し、人間にとって意味のあるものをマシンに生み出させるのですから。文章を書くのとは違い、マシンは人間が与えたものに素早く反応します。マシンは働きすぎに不満をこぼすことなく、プログラミング言語で書いたものを正確に打ち返してくれます。そして、人間が間違ったりミスを犯したりしたら（こうしたことは思った以上によく起こりますが）、人間の責任になるのです。マシンは「愚か」で、退屈で、合理的な存在です。どんな創造性が湧き上がっても、それが起きているのは人間の中だけのことです。本書が基本的に扱うのは、正確な命令（「コード」）と入力（「データ」）を使って、マシンに人間の創造性を表現させ、増幅させようとする方法です。

多くのクリエイターにとって、プロジェクトでコードを使うと、プロジェクトをうまく完成させた後に新たな課題がやってきます。たとえば、数時間、数日、数週間にわたって作品を安定して動作させるという、それまで考えたことのない課題です。従来の「静的」な素材では、制作のアウトプットは最終的にそれ自体が安定した形態で落ち着いていました。紙、写真、粘土、コンクリート、金属、ビデオ、オーディオ・ドキュメンタリーは、どれも安定しています。こうした作品を安全に扱い、品質を維持するための方法は確立されています。深く知りたい場合は、保存修復技術を大学の科目として学ぶこともできます。

コードを使ったアートやデザインでは、これまでの素材とは事情が異なります。コードは、機能を実行するマシンや環境を必要とします。その環境は、基本的に技術の進歩とは逆行しています。なぜなら、いつも新しいマシン、最新のOS、より強力なプログラミング手法が登場してくるからです。そうした最新のものが入り込むと、古いマシン用に書かれたコードが動かなくなってしまうおそれがあります。絵画や、デザインされた製造物では、そんなことはほとんど起こりません。

1.2.2 実践を重ねる

私たちが実践としての「コーディング」について書くときは、制作プロセスにコンピュテーショナル・シンキング（計算論的思考）を組み合わせるようにしています。何年もの間、私たちのアートやデザインの学生は、いつも同じような問題にぶつかっていました。「なんでコーディングを学ばなきゃいけないのか」「コーディングは一度行き詰まるとその先に進めなくなる。やる意味があるのか」「(プログラミングソフトのリファレンスの) 作例はよく理解できても、その作例から自分のアイデアを実現できない。どうしたらいいのか」とよく訊かれます。こうした質問（や苦情）から、新しい言語としてコーディングを学ぶのがいかに困難かがわかります。「頭脳的」なコーディングは、制作の実践と大きくかけ離れているようにみえるからです。創造的な表現とは、インスピレーションに駆り立てられ、直感でかたちづくっていくものだという共通の認識があります。それに対して、「コーディング」やテクノロジーを使った作業は、とても合理的で念入りに考え抜かれたものにみえます。たしかにその通りです。クリエイティブ・コーディングは、最初のうちはちょっと「頭でっかち」なだけです。始めればすぐに直感的で創造的なものになります。絵筆をあやつり絵画技法をマスターできるようになるよりもずっと早いです。

1.2.3　手を動かして自分のものにする

始める前に、まだ大きな疑問が残っています。コーディングが創造的なプロジェクトに不可欠だとしても、なぜアーティストやデザイナーが自分でコードを書かないといけないのでしょうか。現代のアーティストやデザイナーにとって、協調的なスキルは当然必要とされる能力です。国際的に活躍しているアーティストの中には、学際的なチームを率いてアイデアを練り上げている人もいます。しかし、こうした人たちが一般的とはとても言えません。現実には、有能な専門家を集めたチームを作る余裕がなく、限られた予算とプロジェクトで活動するクリエイターを目にします。本書が主張したいポイントがここにあります。コーディングやテクノロジーをある程度理解していないと、専門家とうまく協働したり、問題にぶつかったときに助けてもらったりすることがとても難しくなるのです。クリエイティブな技術について大切なことは、「欲しいものがあるなら、手を動かして自分のものにしよう」ということです。

インタラクティブアート、デジタルアート、ニューメディアアートを学んだり探求したりしているクリエイターは、もはや従来のアプローチにとどまっていません。むしろ、科学、技術、工学、数学（STEM）の原則に基づいた、より広い視野で自分のアイデアとともに制作する必要があります。アートとコードが融合する分野に進むクリエイターは、これまで活躍してきた分野のレンズを通して、新しい分野を見通せるような、新たな考え方や制作方法が必要になるでしょう。

コードを使ったプロジェクトでは、クリエイターとしてコードを読み、コードを理解し、おそらくはコードを書き、コンピュテーショナル（計算論的）な構造で考える能力が必要になります。この能力は、技術の専門家と共通の「言語」で効果的にコミュニケーションするために欠かせません。現代のクリエイターが持つべき必須の能力だと考えています。なお、専門家の力を借りることが多いクリエイターは、ゴールを達成するまでにどこまでコントロールを手放さないといけないか、不安に感じることも多いようです。そこで、本書では終わりのほうに「専門家との共同作業」の節を設けています。

1.3 本書の読み方

本書はいろいろな読み方ができます。さまざまな予備知識や背景をもっていろいろな角度から読んでいただいてかまいません。すんなりと理解できなくても、諦めずオープンな気持ちで臨めば、すぐに本書のポイントをつかんでいただけると思います。

1.3.1 すべてのクリエイターに

まず最初に、本書はデザイナー、アーティスト、デザインやアートを学ぶ学生など、クリエイターのみなさんに捧げます。また、建築家、エンジニア、研究者の方々に向けても書いています。こうした方々の共通点は、創造性が自分たちの職業を特別なものにして、仕事をユニークなものにしてくれるということです。クリエイターのみなさんは、本書の最初から最後までの幹線道路を進み、すべての作例を見て、それに沿ってタイピングすることで、大きな力を得られるでしょう。週に一度、お気に入りのカフェにこの本を持ち込んで、いろんな章をゆっくり読んでみてください。数週間ほど間隔をおくと、その間にアートをコーディングする方法や、その週のトピックで自分なら何ができるかといった新しい考えが浮かんでくるはずです。

本書は教育関係者に向けても書いています。教育に携わっている方は、まず第 3 部に飛んでいただければと思います。そこでは、私たちが紹介するコンセプトの根拠と方法論について詳しく説明しています。教育的な観点からも、全体をどのように組み合わせているかを示しています。

最後に、本書は技術系の専門家のためのものでもあります。十分詳しい専門家の方は、コード例のシンプルさに驚くかもしれません。専門家がこの本を読む意義は何でしょうか。それは、コードを第二の母国語として知っていて、コードのアーキテクチャを構築できるだけでは、圧倒的に不十分であることに気づいているからです。創造性やビジネス上の利益によって推進されているプロセスの中にコードを埋め込むことに、課題が存在しているのです。テクノロジーの専門家であれば、第 3 部を最も興味深く感じ、第 1 部と第 2 部を読み解くためのレンズとしてお使いいただけるでしょう。

1.3.2　4つのステップと1つの作品例

本書の第１部では、制作プロセスを４つのステップで進め、各ステップでどのようにコーディングするかを説明しています。それぞれのステップを、数本の実用的な作例を通して見ていき、最後に短くまとめています。

第１ステップ「アイデアのビジュアル化」では、Processingを使った作業と、すぐに使えるいろいろなビジュアル要素について簡単に説明しています。ビジュアルキャンバスの操作を終えてから、アニメーションとインタラクションへ進みます。ここでは、キャンバス上に動くものを描く方法がわかり、その要素をインタラクティブなコントロールに反応させることもできます。第２ステップは「構図（コンポジション）と構造」です。ここでは、キャンバス上のさまざまな要素からアートを作り出す方法について説明しています。たくさんのビジュアル要素を同時に扱うのに役立つデータとコード構造を紹介します。また、いくつかの作例で、視覚的な構造に応用しています。第３ステップ「洗練と深化」では、細部にわたる微調整によって、作品に深みを与える方法を紹介しています。ランダム性とノイズを表現としてコントロールする方法について学びます。スムーズなアニメーションの作り方や、異なる要素や色の間を遷移する方法も紹介しています。このステップで、インタラクティビティを再びとりあげ、インタラクティブな入力に作品の構図や仕上げを組み合わせる方法を紹介しています。第４ステップは、「プロダクション」についてです。ここでは、制作した作品をステージに上げる方法、高解像度印刷からインタラクティブなインスタレーションまで、さまざまなメディアで発表する方法について説明しています。

次ページでは、カジミール・マレーヴィチ（Kazimir Malevich）の幾何学的な抽象画《Suprematisme（シュプレマティスム）》（1915, **図1-1**）から着想を得て制作した作品例を紹介します（**図1-2**）。この作品を選んだ理由は、静かにたたずむブロックたちが今にも倒れようとする瞬間を切り取ったような、とても興味深い動きを視覚的に表現しているからです。まず、クリーム色のキャンバスに、同じような原色で描いた10個の基本要素からなる視覚的な構図を再現することから始めました。第２ステップでは、作品特有の動きの印象とブロックを使った制作を結びつけました。同じ構図を再帰的にずらして上書きし、回数を重ねるにつれてレイヤーを増やしていきます。第３ステップでは、円環状のパースペクティブをつけるために、大きな構図を３つ回転させて追加しました。また、時間をかけてさまざまな要素や操作を加えるタイミングを微調整することで、最初の画面から数分間で作品が展開し、最後の画面では視覚的に安定するようにしました。最後に、数分かけてキャンバス全体をズームアウトし、キャンバスの中心を左上から右下に移動させる段階的な変化を加えています。第 4 ステップでは、このイメージを「プロダクション」しました。アニメーションを再生し、数十フレームをその場で選択し、自動的にレンダリングします。その中から、構図がよく、作品全体の動きがよくわかる 8 フレームを最終的に選びました。

この作例では、本書で紹介している 4 つの大きなステップの中から、自分たちのコンセプトに合ったものをいくつかピックアップして使っています。プロセスを振り返ると、ステップ 1、3、4 は比較的すんなりいきました。しかし、2 つ目のステップでは時間がかかりました。ここでは、遊び心のある方とテクニカルな方の 2 つの方向性に分かれたからです。どちらも試してみた結果、遊び心のある方向が正解でした。この点を解決できたところで、また早く進めることができました。本書とともに制作していると、みなさんも苦労することがあると思います。休憩をとりながら、でも決して手を離さないようにやっていきましょう。

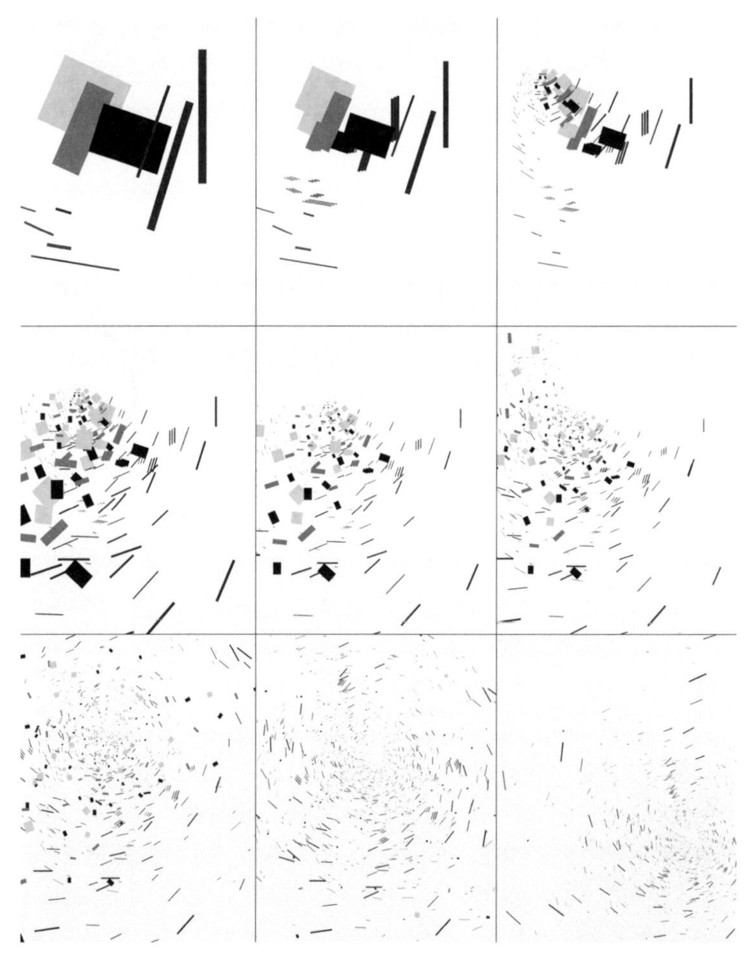

図 1-2　カジミール・マレーヴィチの抽象幾何学絵画（《Suprematisme》1915）から着想を得たジェネラティブアートの例

この４つのステップを通して、コンピュテーションの表現について学び、ある時点で、戦略やパターン、複雑な概念の断片が現れてくるでしょう。その後、本書の第２部では、すべてのステップをより大きなアートプロジェクト《MOUNTROTHKO》として展開します。最後に第３部では、ズームアウトして、学習とコラボレーションを通じてクリエイティブコーディングの実践に向かいます。第３部では、本書を使ってどのように進歩できるか、行き詰まったらどうすればよいか、助けを得るにはどうすればよいかを紹介します。必要なものは本書にそろっています。一歩ずつ進んでいきましょう。

1.3.3　制作の準備

本書にはたくさんの作例が掲載されています。作例はコード（「ソースコード」）で書かれています。ほとんどの作例はそのまま使用することができ、その結果の視覚的な出力はソースコードの近くに表示されます。

コード例

```
// 本書内のコード例を素早く見つけるには？
このようなボックスの中のテキストを探しましょう
```

本書に掲載しているすべてのソースコードは、オープンソースソフトウェアのProcessingで書かれています。Processingは、https://processing.org からダウンロードできます。Processingは、コードの構造と論理を理解するための媒体（メディウム）です。このことについては、このあとすぐに説明します。コード例は、私たちのサイトからも入手できます（https://codingart-book.com/library）。

作例をダウンロードして遊ぶだけでも楽しいかもしれませんが、自分で入力することをお勧めします（少なくともいくつかは）。そうすることで、プログラミングのスタイルをより早く習得でき、身体が覚えて学習が進みます。また、運が良ければ、ちょっとした間違いから意外な結果が生まれることもあります。

最後に、読者であるあなたへ。本書を、お気に入りのカフェでノートパソコンを開いて、コーヒー片手に会話しているようなものだと考えてください。会話を一時中断し、次のページに行く前に、あるトピックに集中したり、作例のコードを探ったりしてみてください。それでは、始めましょう。

第1部

クリエイティブコーディング

第2章 アイデアのビジュアル化

第１部では、４つのステップを通して、ステップごとに制作プロセスの中でコーディングを有意義にする方法を紹介します。１つ目のステップ「アイデアのビジュアル化」では、ボトムアップのアプローチで、ビジュアルとコードから直接スタートします。このアプローチの出発点では、制作プロセスのアイデア出しの段階から直接コードを使います。具体的には、参考イメージ集（ムードボード）を作ったり、スケッチしたり、文章を書いたり、ウェブを検索したり、専門家から話を聞いたりするのではなく、Processing から始め、試してみることを提案します。まず、Processing と数行だけのコードを使って、どのように自分のアイデアを表現できるかを見ていきます。そう、最初は本当に簡単なところから始めます。

2.1 ビジュアル要素

多くのアーティストにとって、作品中のビジュアル要素がコードで書かれていても、作品において効果的かどうかの判断基準に変わりはなく、認知的または美的な目標に基づいています[4, 5, 6]。あらゆるスケッチや絵画、彫刻、デザインを分析するときも同様です。私たちは作品をビジュアル要素に分解し、それらがどう組み合わさって作品全体の効果を生み出しているかを調べます。線、色、形、大きさ、立体感、テクスチャは、アートとデザインにとって、そしてコーディングによるアートにとっても、美的感覚と認知の一般的な基本構成要素です。

Processing では、シンプルな図形を変化させたり組み合わせることで、さまざまな形を描くことができます。Processing のリファレンスの作例を使うときは、作例の中の数値を変えてみて、数値の違いで図形がどう変化し反応するかを探ってみてください。

最初の２つの作例では、Processing の実行ボタンを何度も押して、作品がどのように発展していくかを見ることができます。１つの値を変更した直後の結果を確認するのもよいでしょう。コードとキャンバスの間を素早く行き来することで、学習がスピードアップします。コードが図形の描画にどのように影響を与えているかを理解し、キャンバスに描いたものを正確にコントロールできるようになります。同時に、2つの詳細な作例を通して、Processingのリファレンスがとても重要だということも感じていただきたいと思います。

ブラウザでProcessingのリファレンス（https://processing.org/reference/）を開いておくと、すぐに解説を見ることができるのでお勧めです。さて、これから最初の図形を作ります。Processingを立ち上げて、準備はできていますか？

2.1.1　図形

Processingのビジュアル要素は、2つのパターンのどちらかで指定します。(1) 位置と大きさを決めてから、図形を指定する。または、(2) 図形を描く点群（ポイント）を指定する。このことについては数ページ後に説明します。シンプルなビジュアル要素に関する作例を注意深く目を通すと、円と四角形のコードはよく似ていて、線、点、曲線、多角形、三角形のコードもよく似ていることが理解できます。

まずは「円」をベースにした簡単な作例から見ていきましょう。Processingを開いて、次の3行のコードを入力し、単純な円を描きます。

初めてのドローイング：輪郭が黒い単純な円（Ex_1_shapes_1）

```
// 単純な円を描く
noFill();
stroke(0, 0, 0);
ellipse(56, 46, 55, 55);

// このコードをいくつかコピーし、値を変えて図形を重ねてみよう
```

この例では、楕円（`ellipse()`）の幅と高さの値を同じにすることで、正円を描いています。Processingでは通常、図形を白く塗りつぶし、黒い線で輪郭を描きます。この標準的な動作は変更することができます。この作例では`noFill()`関数を使って変えています。

覚えておこう　プログラミングではスペルがとても重要です。ここでは、`nofill`ではなく`noFill`と書く必要があります。しっかりチェックしましょう。

このコードを見ていると、面白いことに気がつきます。`noFill()`のようなProcessing関数のスペルが、小文字で始まり、途中に大文字が入っていて、かなり独特だということ

にです。これは、プログラミング言語における命名規則によるもので、関数名に連なった異なる単語を識別することができます。必ずこのように組み合わせてください。なぜなら、Processing では関数名の中に空白を入れることができず、単語を連続させても関数名を読んで理解できるようにしたいからです。その解決策として、単語を組み合わせ、最初の単語以外の単語の先頭を大文字にしています。Processing はプログラムを実行する前に関数名をチェックし、スペルが間違っていると「クレーム」を返してきます。先ほどのプログラムでいくつかスペルを間違えてみて、Processing がどう反応するか見ておいてください。今後の参考になると思います。

作例に戻りましょう。この円は塗りつぶされていませんが、輪郭に細い線が引かれています。線の幅は、自動的に 1 ピクセルに設定されています。線の色は、`stroke()` 関数で変更することができます。色の `red`、`green`、`blue` の成分量を 3 つの数値で指定します。指定できる値の範囲は、0 から 255 までです。

考えてみよう　色の構成要素の値を変えながら遊んでみてください。色の値を変えるだけで、濃い紫や薄いベージュを作れますか？

このような色の指定方法は、RGB カラーモードといいます。ここでは、黒の RGB 値（`0, 0, 0`）を使いました。3 つの値をそれぞれ 0 から 120 まで上げるとグレーになり、255 まで上げると白になります。

作例の最後の行にある最初の 2 つの数字、`56` と `46` は要素の位置を示しています。キャンバス上に要素を配置する場合、1 つ目の数値は必ず水平方向の位置（x 座標）を指します。2 つ目の数値は垂直方向の位置（y 座標）を指します。そのため、通常 x と y と呼びます。キャンバス上の点や位置は、（`x, y`）のかたちで表現し、この作例では（`56, 46`）になります。この楕円（`ellipse()`）は幅と高さがどちらも 55 と同じため、円として描かれています。`ellipse()` の値を変えて楕円の形を変えてみたり、`stroke()` の値を変えて楕円の輪郭を別の色にしてみたりしましょう。楕円を横に伸ばしたり、輪郭を緑にしたりすることはできますか？

最初の `ellipse()` の作例を終え、次の作例では、いくつかの数値を変更することで、まったく異なる円の描画を見ることができます。ここで「コメント」について説明します。コメントは、コードの途中に考えやアイデアを残しておくことで、後で理解したり、主要なアイデアを他の人に伝えたりするのに役立ちます。コメントはダブルスラッシュ（//）で書き始めます。Processing では、コメントはグレーで表示されます。Processing はこうした行を単なるコメントと認識し、描画時には無視します。

紫の背景の中央に、色を塗った円を描く（Ex_1_shapes_2）

```
// キャンバスのサイズを設定する
size(600, 600);

// はじめに背景を紫で塗る
background(208, 170, 208);

// 線の色と太さ、塗りの色を設定する
stroke(246, 173, 113);
strokeWeight(10);
fill(113, 70, 132);

// キャンバスの中央に円を描く
ellipse(width/2, height/2, 320, 320);
```

この作例では、まず`size()`関数でキャンバスの大きさを設定しています。1つ目の数値はキャンバスの幅（width）、2つ目の数値は高さ（height）です（**図2-1**）。この作例では、キャンバスの幅と高さを両方600にしています。キャンバスの幅と高さは、後半で円を描くときにも使っています。この作例でもうひとつ新しいことはキャンバスの背景色で、`background()`関数を使ってRGBカラー`(208, 170, 208)`で定義しています。要素の描画に使う線の色だけでなく、線の太さ（`strokeWeight()`）も指定し、塗りの色（`fill()`）をRGBカラーで定義しています。この作例では、`ellipse()`の位置、つまりxとyの座標は、キャンバスの中心に指定しています。1つ目と2つ目の数値を、キャンバスの`width`と`height`をそれぞれ2で割ったものに書き換えることで実現しています。`width`を2で割ると水平方向の中点が得られ、`height`も同じように得られます。この2つの新しい値を使って位置を決め、320 × 320ピクセルの大きさで円を描画しています。

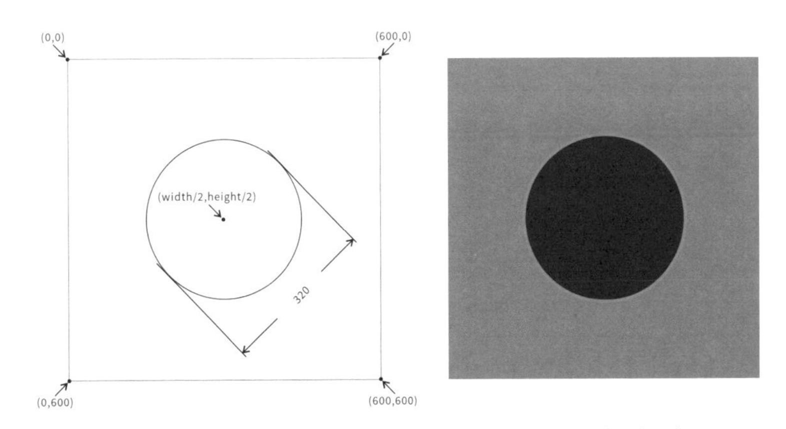

図2-1 キャンバスのサイズ（左）と描画された円（右）。キャンバスの大きさは、幅と高さが600ピクセル

この後のセクションでは、ビジュアル要素全般について説明し、Processing でビジュアル要素を使うコード例を手短に紹介していきます。

2.1.2 図形の作成

ビジュアル要素としての線は、アートやデザインの世界では本当にいたるところで見かけます。Processing は、キャンバス上の 2 点間の経路（パス）として線を描きます。

単純な線を描く

```
// (21, 22) の位置から (31, 32) の位置まで線を描く
line(21, 22, 31, 32);
```

Processing では、線はキャンバス上の 2 つの位置の間を小さなドットが移動する動的な経路として考えることができます。鉛筆や絵筆の先端が、1 点目から 2 点目まで直線的に移動していくようなイメージです。

Processing で、点と点をつないで描く 2 つ目の図形は三角形（`triangle()`）です。ここでは、3 つの異なる点を座標値として指定しています。線と違って、三角形は塗りつぶすことができるので、事前に `fill()` を使うかどうかも考えておく必要があります。なぜ「事前に」なのでしょうか。Processing では、まず図形を描く準備をしていき、次に図形を描き、それから次の図形を描くというように、ステップごとに実行するからです。たとえば、図形を 2 つ描き、2 つ目の図形を 1 つ目とは違う見た目にしようとします。この場合、まず 1 つ目の図形を描いて、見た目を変えてから、2 つ目の図形を描きます。見た目を変えないのであれば、Processing はそれまでの設定をそのまま使い続けます。

考えてみよう **次のコードの三角形はどんな形になるか想像してください。正しい形を想像できていたか、Processing で実行し確認してみましょう。**

三角形を描く（Ex_2_shapingup_1）

```
fill(140, 40, 160);

// 座標値 (21, 22)、(31, 32)、(41, 22) をつないだ三角形を描く
triangle(21, 22, 31, 32, 41, 22);
```

Processing には点群で定義できる形状が他にもあります。たとえば、四角形（`quad()`）

や、複数の点で自由に定義できる複雑な多角形があります。これらの使い方は、Processingのリファレンスで確認できます。

Processingでは、点群ではなく、位置と大きさで定義する図形もあります。最初の作例には、円や楕円を描く`ellipse()`関数がありました。また、正方形や長方形を描く`rect()`関数もそのひとつです。

長方形を描く（Ex_2_shapingup_2）

```
fill(140, 180, 20);

// (21, 22)の位置に、幅70、高さ30の四角形を描く
rect(21, 22, 70, 30);
```

`rect()`関数に5つ目の値、角の半径を追加すると、長方形の角を丸くすることができます。

角丸長方形を描く（Ex_2_shapingup_3）

```
// 最後の値（パラメータ）は角の半径
rect(21, 22, 70, 30, 10);
```

この作例では、長方形の左上の角の位置が`(21, 22)`になります。このように位置が決まるのは、Processingがデフォルトでビジュアル要素を左上の角を基準に配置するからです。Processingは、図形配置の基準点を変えることもできます。CORNERモードでは左上の角の位置に配置し、CENTERモードでは図形の中心の位置に配置します。どちらも状況に応じて使い分けることができます。ここでは長方形を描く場合の動作を見てみましょう。

2つの角丸長方形を別々の場所に描く（Ex_2_shapingup_4）

```
// 中心を(21, 22)にして角丸長方形を描く
rectMode(CENTER);
fill(255, 0, 0);
rect(21, 22, 70, 30, 10);

// 左上角を(21, 22)にして角丸長方形を描く
rectMode(CORNER);
fill(0, 0, 255);
rect(21, 22, 70, 30, 10);
```

1つ目の長方形は rectMode(CENTER) で描いています。つまり、位置のパラメータ（1つ目と2つ目のパラメータ）が長方形の中心点として解釈されます。その結果、長方形はこの点を中心に描かれます。2つ目の長方形は rectMode(CORNER) で描き、位置の解釈を左上角に変更しています。その結果、長方形の左上角が指定した位置（1つ目と2つ目のパラメータ）になり、左上角から右方向に幅、下方向に高さ分だけ伸びます。

Tips **rectMode() 関数を繰り返し実行する必要はありません。この関数は、別の設定で再度 rectMode() を呼び出すまでは、すべての長方形に適用されます。**

2.1.3 色・透明度・フィルタ

画家は、アクリル絵具、油彩、水彩、インク、色鉛筆、混合素材など、さまざまな画材を使って色と戯れています。これらの画材にはそれぞれ特徴があり、作品制作には特有のテクニックを必要とします。

fill()、stroke()、background() など、Processing の関数で色を指定する場合、必ずチャンネルで色を指定します。RGB モードでは赤、緑、青、HSB モードでは色相、彩度、明度です。Processing では、RGB と HSB の2つのカラーモードを使えます。コードで colorMode() を指定していない場合は、デフォルトで0～255の範囲をもつRGB になります。

色の赤、緑、青のチャンネルを3つの値で指定する場合、黒 (0, 0, 0) から白 (255, 255, 255) までのグレースケールの色では、3つの値が同じであることに気づきます。この場合、1つの値を使うだけで、Processing は3つのチャンネルに同じ値を使いたいことを理解してくれます。

グレースケールの塗りの色を指定する省略記法

```
// 明るいグレー
fill(180, 180, 180);

// 同じ明るいグレー
fill(180);
```

複数の図形が重なり合っていたら、キャンバスの描画に透明度を使いたいことがあります。Processing ではとても簡単に透明度を指定できます。fill() や stroke() など色を指定する関数に、4つ目の値としてアルファ(透明度) を追加するだけです。

透明度のある塗りの色

```
// 不透明の紫
fill(180, 0, 180);

// 透明度50%の紫 (255 * 0.5 = 128)
fill(180, 0, 180, 128);
```

色と透明度だけでなく、特殊な色彩効果を得られるフィルタがあります。たとえば、色をグレースケールに変える filter(GRAY)、色を反転する filter(INVERT)、色数を減らす filter(POSTERIZE)、画像をぼかす filter(BLUR) などがあります。これらのフィルタに異なる値を与えることで、印象的な効果を生み出せます。

次のコードは、Processing の line() 関数と color() 関数を用いて、さまざまな色と線を組み合わた画像を描画したものです (図2-2)。この画像は、オランダの画家ピート・モンドリアン (Piet Mondrian) が 1942 年に描いた《New York City I》[7] から着想を得ています。画像のような効果を得るためには、コード内の行の順序を整えないといけないのでかなりの根気を必要とします。なぜなら、Processing はコードを1行ずつ実行するからです。コードの最初の行が最初に描かれ、その上に次の行が描かれることで、デジタルペイントのレイヤーが作られます。前面に見えるものが、最後に描かれたものです。

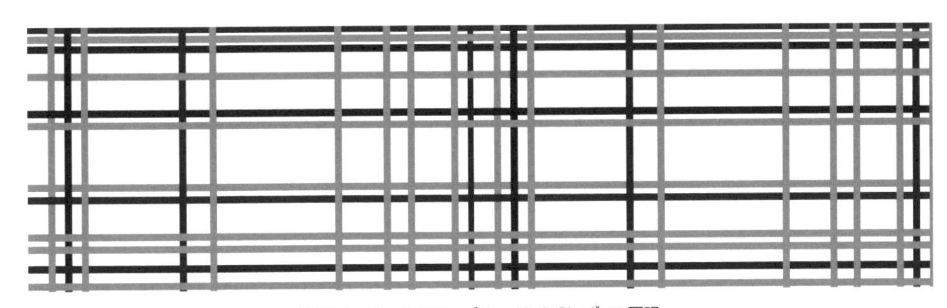

図2-2 モンドリアン《New York City I》の再現

色と向きを変えて線を引く（Ex_3_colors_1）

```
// キャンバスのサイズを指定し、白い背景にする
size(1920, 1080);
background(255);

// 線の太さを 30 ピクセルに指定する
strokeWeight(30);

// 色を指定し、線を描く
stroke (9, 37, 87);
line (0, 980, width, 980);

stroke (135, 3, 17);
line (0, 10, width, 10);

stroke (9, 37, 87);
line (0, 90, width, 90);

stroke (211, 179, 15);
line (100, 0, 100, height);

stroke (211, 179, 15);
line (0, 650, width, 650);

// さらに多くの線が続く
```

この作例と画像をよく見ると、同じ色が何度も使われていることがわかります。それぞれの色に対応する３つの同じ数値を何度も入力すると、打ち間違えてしまうかもしれません。そこで、あらかじめ色を定義しておき、それを再利用することもできます。

描画前に色を定義しておきコードを読みやすくする（Ex_3_colors_2）

```
// 青、赤、黄を定義する
color blue = color(9, 37, 87);
color red = color(135, 3, 17);
color yellow = color(211, 179, 15);

// 色を指定し、線を描く
stroke (blue);
line (0, 980, width, 980);
stroke (red);
line (0, 10, width, 10);
```

```
stroke (blue);
line (0, 90, width, 90);
stroke (yellow);
line (100, 0, 100, height);
stroke (yellow);
line (0, 650, width, 650);

// さらに多くの線が続く
```

3つの「変数」、blue、red、yellowを定義しています。この変数が3つの色を「保持」しているので、stroke()を使うときに変数を参照できるようになります。これは、コードを読みやすくするために、どのようにコードを構成すればよいかを示す最初の例です。後ほどコードの全体的な構造を見るときに、この話題を再びとりあげます。

2.1.4 3Dの物体やテクスチャ

Processingを、SketchUp、3dsMax、Cinema 4D、Unityといった強力なグラフィックソフトウェアと比較すると、それらがパラメトリックで有機的な構造をモデリングし、表面のテクスチャをさまざまなスタイルでレンダリングすることに重点を置いているのに対し、Processingがとてもシンプルで、シンプルすぎるように見えもします。Processingのインターフェイスには、数個のボタンとメニュー、コード用の大きな空っぽのテキストエリアがあるだけです。実際のところ、Processingは先ほど挙げたアプリケーションと同じようなことができます。ただ、別の方法でその機能を提供しているに過ぎないのです。Processingで実現するには難しいこともありますが、先ほど挙げたアプリケーションでは難しいこともあります。3Dに関する機能を使いたい場合は、別のアプリケーションを使い、作成した物体やテクスチャをProcessingにインポートしてみてください。1つのアプリケーションですべてをやろうとせずに、それぞれのソフトの強みを活かすことで、思い通りの結果が得られることもあるのです。

「アートにおける基本的なビジュアル要素のひとつである物体は、長さ、幅、高さをもち、体積がある。物体は3次元の形状であり、2次元、つまり平面上の形とは異なる」[8]。Processingでは、3Dオブジェクトを描画する場合、最後にP3Dパラメータを指定して作成したキャンバスに描画する必要があります（次の作例を参照）。このパラメータを指定すると、キャンバスはすべての要素を3Dでレンダリングするように準備を整えます。3Dのキャンバスに描画する場合、視点の位置となる「カメラ」をしっかり意識する必要があります。

3Dオブジェクトは、芸術的なアイデアを表現するには興味深い出発点です。次の作例は、この節の最初で示した単純な円を描くコードを元にしています。ほとんどの値はそのままで、2D と 3D の形状の違いを示すために、キャンバスの種類を P3D に変更しただけです。また、円（ellipse()）の形状を 3D の球体（sphere()）に変更しています（図 2-3）。

覚えておこう　**2D から 3D への移行は、Processing では難しいことではありません。2 つのコード例を見比べて、2D と 3D のオブジェクトの描画の違いを確認することをお勧めします。**

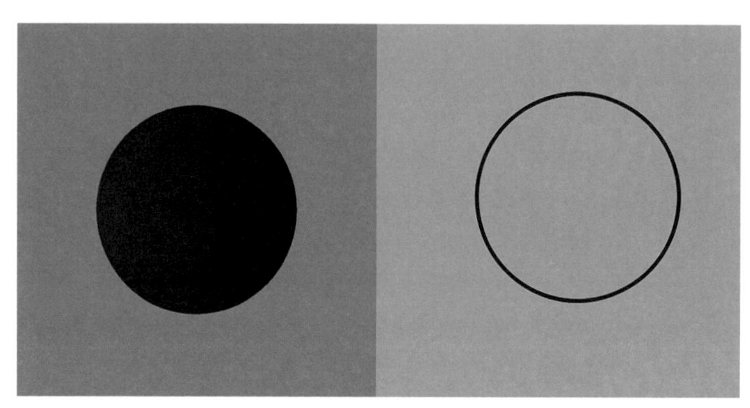

図 2-3　3D の球体（左：sphere() で描画）と、2D の円（右：ellipse() で描画）

平行光源を使って 3D キャンバスに描画する（Ex_4_form_1）

```
// キャンバスのサイズを設定し、3D キャンバスにする
size(640, 640, P3D);
background(208, 170, 208);
noStroke();
fill(113, 70, 132);

// 3D 空間で平行光源を使う
// 最初の 3 つの値でライトの位置を、残りの値で光源の向きを指定する
directionalLight(255, 220, 255, 1, 0, -1);


// カメラを移動する
translate(width/2, height/2, -30);

// 半径 180 ピクセルの球体を描画する
sphere(180);
```

Processing は多くの 3D 形状を提供し、光源（ライティング）や材質（マテリアル）の属性も充実しています（ここでも Processing のリファレンスをチェックし、ヒントをもらってください）。

3D形状の重要な属性のひとつにテクスチャ（texture）があります。「テクスチャとは、基本的に物体表面の触覚的な質感のことだと定義されている。私たちの触覚に訴え、快感や不快感、親近感などの感情を呼び起こすことができる。アーティストは、この知識を利用して、鑑賞者の感情を引き出している。実にさまざまな理由で、テクスチャは多くのアート作品において基本的な要素となっている」[9]。以下では、球体にテクスチャを追加するシンプルな作例について説明します。まず、loadImage()関数を使ってテクスチャ用の画像を読み込み、それを変数imgに格納します（変数については後ほど説明します）。次に、球体の形状を作成し、setTexture()関数で形状にテクスチャ画像を設定します。Processingでは、すべての関数がどこかに「所属」しています。これまでの作例では、すべての関数（fill()やellipse()など）がキャンバス自体に所属していました。キャンバスはProcessingのデフォルトの描画環境なので、わざわざ書く必要はありません。この作例のglobe.setTexture(img)は、形状globeに「所属」する関数を使用しています。このように書き方にすると、関数はこの形状にだけ適用されます。途中のドットは、形状globeと関数setTexture()の関係を表しています。

Processingの3D環境でテクスチャをつけた地球を描く（Ex_4_form_2）

```
// キャンバスのサイズを設定し、3Dキャンバスにする
size(640, 640, P3D);

// 白い背景で、図形に輪郭線をつけない
background(255);
noStroke();

// 地球のテクスチャ画像を読み込む
// Processingのスケッチと同じフォルダに「earth.jpg」という画像がある場合⏎
のみ動作します（中身はどんな画像でも動作します）
PImage img = loadImage("earth.jpg");

// 形状をつくり、テクスチャとしてこの画像を指定する
PShape globe = createShape(SPHERE, 100);
globe.setTexture(img);

// 左から右へ、1つ目の3D球体を描く
translate(width/5, height/5, -50);
shape(globe);
// 左から右へ、2つ目の3D球体を描く
translate(width/5, height/5, 0);
shape(globe);
// 左から右へ、3つ目の3D球体を描く
translate(width/5, height/5, 50);
shape(globe);
```

この作例では、同じ画像をテクスチャとして、3 つの球体を描いています。3D オブジェクトにテクスチャを使用する場合、画像はオブジェクトの表面に貼り付けられます。ここでは、1 つの画像を Processing に読み込み、それぞれの 3D 形状のテクスチャとして使用しています。画像の中身は好きなものにしてかまいません。今回は世界地図の画像を使用したので、3 つの球体はミニチュアの地球儀のように見えます。

覚えておこう **画像は、Processing のファイルと同じフォルダにインポートする必要があります。earth.jpg を、自分の持っている別の画像に置き換えてみましょう。**

この節では、2D と 3D の両方で、Processing の多くの機能に触れ始めたばかりです。とても単純な図形や 3D 形状から実験を始め、アイデアを表現するためにビジュアル要素で遊ぶ方法を見てきました。次の節では、キャンバスそのものに注目することで、描画プロセスを理解できるようになります。これを理解すると、後で複雑なアニメーションの作成も簡単にできるようになります。

2.2 キャンバスの秘密

Processing のキャンバスは、単に絵を描くための表面ではありません。このデジタルのキャンバスは、コーディングによるアートのための独自の機能を提供します。描画前や描画中にキャンバスを拡大縮小、平行移動、回転させることができ、その後のビジュアル要素の描かれ方に影響を与えることができます。まず、拡大縮小から始めましょう。

2.2.1 ビジュアル要素の拡大縮小

アートの世界では、拡大縮小を極限まで追求することができます。たとえば、チャック・クロース（Chuck Close）の絵画《Mark》は、「非現実的なスケールでのリアリズム」を追求しています [10]。また、アートにおける比率の使用は、「フォトモンタージュのアート」として実験され発展してきました。たとえば、ハンナ・ヘッヒ（Hannah Hoch）の 1925 年の絵画《Equilibre（Balance）》があります。この作品の人体のいびつなプロポーションが提示しているのは、「政治的主張をするために、人間のプロポーションを意図的に変化させる」ことでした [10]。

Processing では、ビジュアル要素の拡大縮小は、キャンバスとその座標系を基準とした相対値で指定します。拡大縮小の値は、パーセンテージを小数にして指定します。たとえばscale(2.0) という関数は、図形のサイズを2倍、200%に拡大し、scale(0.8) はサイズを80%に縮小します。scale() 関数は、2つまたは3つのパラメータを指定することもできます。

scale() 関数を使う

```
// 水平・垂直方向に130%拡大する
scale(1.3);

// 水平方向に130%拡大し、垂直方向はそのままにする
scale(1.3, 1);
```

このように、キャンバスのscale() 関数を使うだけで、図形を「伸ばしたり」「縮めたり」できます。ただし、ひとつだけ覚えておかないといけないポイントがあります。scale() 関数は、実際に図形を拡大縮小しているわけではありません。図形ではなくキャンバスを拡大縮小し、その後の描画操作に作用するのです。つまり、scale() を使うと、拡大縮小率を再度変更するまでキャンバスはずっと拡大縮小されたままになります。scale() を複数回使うと、その結果は「積算」されていきます。最初に2.0、その次に3.0と拡大するのは、6.0に拡大するのと同じになります。つまり、拡大縮小の値は掛け合わされるのです。

次の作例では、1つのコードの中で複数のscale() 関数を使った場合の組み合わせ効果を示しています。

1つのコードの中で複数回 scale() を使う（Ex_1_visualelements_1）

```
// キャンバスのサイズと背景色を設定する
size(1200, 200);
background(208, 170, 208);

// 円と長方形を元の大きさで描く
stroke(246, 173, 113);
strokeWeight(5);
fill(113, 70, 132);
ellipse(705, 145, 355, 355);
rect(530, 20, 355, 235, 130);
```

```
// 1つ目の拡大した長方形を描く
scale(1.3, 1.4);
fill(113, 70, 132, 150);
rect(530, 20, 355, 175, 230);

// 2つ目の縮小した長方形を描く
scale(0.6);
fill(113, 70, 132, 60);
stroke(246, 173, 113, 80);
rect(530, 20, 355, 175, 230);
```

Tips この作例の組み合わせ効果に限ったことではありませんが、コード内の scale() 関数の順番を変えると、異なる結果が生まれます。

キャンバスの他の機能に移る前に、キャンバスを元の拡大縮小率（最初の scale() を適用する前）に戻す方法を見ておきましょう。

2.2.2 キャンバスのリセット・復元

なぜキャンバスを元の設定に戻したいのでしょうか。10 個も 20 個もオブジェクトが重なり合っていて、それぞれが拡大縮小された状態で描かれていると想像してください。ここで、オブジェクトの順序を変える必要があることに気づき、オブジェクトを移動させたとします。突然、すべての拡大縮小がなくなってしまいました。異なる拡大縮小の効果が互いに影響しあっている（前述した「積算」が起きる）ためです。どうすればよいのでしょうか。オブジェクトを個別に拡大縮小し、次のオブジェクトを拡大縮小して描画する前に、必ずキャンバスをリセットすることをお勧めします。リセットしておけば、煩わしい副作用を起こさずに、コードの一部を簡単に移動することができます。

キャンバスを元の拡大縮小率（平行移動と回転も）にリセットする方法は、基本的に 2 つあります。最初の方法は、次の作例で示しているように、resetMatrix() を呼び出す方法です。

任意の変換からキャンバスをリセットする（Ex_2_resettingcanvas_1）

```
// キャンバスを縮小し、長方形を描く
scale(0.8);
rect(0, 0, 20, 20);

// キャンバスをリセットする
resetMatrix();

// 別の縮小率で、長方形を描く
scale(0.6);
rect(0, 0, 20, 20);
```

`resetMatrix()` は、すべての設定を「デフォルト」と呼ばれる基本的なキャンバス設定に戻すので、「フルリセット」と言うこともあります。ときには、復元したいキャンバス設定と残したいキャンバス設定を個別にコントロールしたい場合があります。この場合、`pushMatrix()` と `popMatrix()` という 2 つの関数を使用します。2 つの関数は必ずペアで使用し、`pushMatrix()` を最初に使います。プッシュとポップは、まず復元ポイントを作成（プッシュ）し、次にキャンバスを正確にその復元ポイントに復元（ポップ）することで機能します。復元ポイントを複数「積み重ねる」こともできます。この場合、積み重ねられた復元ポイントは、「プッシュ」された順序と逆の順番で復元されます。たとえば、ポイント 1、ポイント 2、ポイント 3 は、ポイント 3、ポイント 2、ポイント 1 の順で復元されます。

Tips **もちろん、それまで行った拡大縮小操作を逆にして、キャンバスを復元することもできます。`scale(0.8)` …… `scale(1.25)`（復元ポイントを作る）。しかし、この方法はすぐに手に負えなくなります。**

この 2 つの関数を使えば、次の作例のように、キャンバスの拡大縮小を部分的に復元することができます。

`pushMatrix()` と `popMatrix()` で座標変換を部分的に復元する（Ex_2_resettingcanvas_2）

```
// キャンバスをいったん縮小し、長方形を描く
scale(0.8);
rect(0, 0, 20, 20);

// キャンバス設定を保存する
pushMatrix();
```

```
// 垂直方向に引き伸ばす
scale(0.6, 1.2);
ellipse(10, 10, 20, 20);

// キャンバス設定を復元ポイントに復元する
popMatrix();

// 上と同じ拡大縮小率で長方形を描く
rect(30, 0, 20, 20);

// キャンバス設定を保存する
pushMatrix();

// 水平方向に引き伸ばす
scale(1.2, 0.6);
ellipse(40, 10, 20, 20);

// キャンバス設定を復元する
popMatrix();
```

覚えておこう **pushMatrix() を書いたら、すぐにpopMatrix() も書いておくと、後で書き忘れずに済みます。高度な使用場面では、pushMatrix() とpopMatrix() を入れ子にすることもできます。2つの関数を正しい順序（「最初にプッシュ、最後にポップ」）で、まったく同じ回数呼ぶ必要があることをお忘れなく。**

2.2.3 回転と平行移動

scale() に続いて、2つのキャンバス操作を紹介します。rotate() とtranslate() は、ビジュアル要素を回転させたり移動させたりする関数です。実際には、キャンバスを移動または回転させ、それから要素を描画することになります。その結果、移動または回転された要素が表示されます。座標変換以降の要素は、resetMatrix() でキャンバス設定をリセットするか、先ほど説明したpushMatrix() とpopMatrix() を使用しない限り、すべて同じキャンバスの移動または回転が適用されて描画されます。

作例で簡単に説明しましょう。まず、白いキャンバスに黒い正方形を描きます。最初は座標変換（拡大縮小、平行移動、回転）を何もせずに描きます。

Step 1：キャンバスに黒い正方形を無変換で描画する（Ex_3_rotationtranslation_1）

```
// キャンバスを設定する
size(200, 200);
background(0);
rectMode(CENTER);

// 白いキャンバスを描く
fill(255);
rect(width/2, height/2, 200, 200);

// キャンバス上に黒い正方形を描く
fill(0);
rect(width/2, height/2, 40, 40);
```

次に、白いキャンバスを回転させ、先ほどと同じように黒い正方形を描きます。

Step 2：回転した白いキャンバスに黒い正方形を描く（Ex_3_rotationtranslation_2）

```
// キャンバスを設定する
size(200, 200);
background(0);
rectMode(CENTER);

// キャンバスを10度回転させる
rotate(radians(10));

// 白いキャンバスを描く
fill(255);
rect(width/2, height/2, 200, 200);

// キャンバス上に黒い正方形を描く
fill(0);
rect(width/2, height/2, 40, 40);
```

白いキャンバスと黒い正方形の両方が左上を中心に回転していることがわかります。Procesingの回転は、キャンバスの原点を基準に行われます。原点のデフォルトは左上の点（0, 0）です。別の点を中心に回転させたい場合は、はじめにキャンバスをその点へ平行移動させておく必要があります。つまり、キャンバスの原点（0, 0）を新しい位置に設定してから、回転させるのです。次の作例では、白いキャンバスを回転から外し、黒い正方形だけをその中心点（キャンバスの中央点（width/2, height/2）でもある）を中心に回転させた動作を示しています。

Step 3：平行移動・回転した白いキャンバスに黒い正方形（Ex_3_rotationtranslation_3）

```
// キャンバスを設定する
size(200, 200);
background(0);
rectMode(CENTER);

// 白いキャンバスを描く
fill(255);
rect(width/2, height/2, 200, 200);

// 中央の座標へ平行移動させる
translate(width/2, height/2);

// 10度回転させる
rotate(radians(10));

// 新しい原点（0, 0）を基準に黒い正方形を描く
fill(0);
rect(0, 0, 40, 40);
```

異なる座標変換を組み合わせることもできます。たとえば、translate() の直後に scale() を挿入し、黒い正方形のサイズを大きくすることができます。

異なる座標変換の組み合わせ

```
// 中央の座標へ平行移動させる
translate(width/2, height/2);

// 黒い正方形を150%拡大させる
scale(1.5);

// 10度回転させる
rotate(radians(10));
```

次の作例では、同じ元の円を translate() で4つ別々の位置に移動し、そのたびにキャンバスを scale() で縮小しています。そのため、4つの円が徐々に移動し小さくなっているのがわかります。円を半透明の fill() と stroke() で描いているので、効果がはっきりします。

translate() と scale() の組み合わせを繰り返す（Ex_3_rotationtranslation_4）

```
// キャンバスを設定する
size(400, 400);
background(208, 170, 208);
fill(113, 70, 132, 100);
stroke(246, 173, 113, 100);
strokeWeight(5);

// 1つ目の円を描画する
ellipse(150, 150, 150, 150);

// 右に移動し縮小した2つ目の円
translate(50, 50);
scale(0.9);
ellipse(150, 150, 150, 150);

// 再び移動し縮小した3つ目の円
translate(50, 50);
scale(0.9);
ellipse(150, 150, 150, 150);

// さらに移動し縮小した4つ目の円
translate(50, 50);
scale(0.9);
ellipse(150, 150, 150, 150);
```

覚えておこう **座標変換の順序には注意が必要です。translate() の前に rotate() を実行した場合と、その逆では効果が異なります。キャンバスの座標変換の効果をリセットするには、resetMatrix() を使います。細かく復元するには、pushMatrix() と popMatrix() を使います。**

この節で覚えておいてほしいのは、Processing には scale()、translate()、rotate() という3つの主要な座標変換関数があるということです。これらはどのような順序でも組み合わせて使うことができ、積み重ねることができます。つまり、その効果が合算されます。注意しないといけないことは、複数の座標変換を適用した場合、その順序が効果に影響することです。たとえば、最初に translate()、次に rotete() とした場合と、最初に rotate()、次に tranlsate() とした場合とでは、見た目が違ってきます。なぜなら、前者では回転の中心点が平行移動しているのに対し、後者ではデフォルトの原点で回転してから平行移動しているからです。

Processingで3D空間を描画するようになると、パラメータを増やすだけで、3Dでも座標変換が機能することがわかります。3D空間の3軸すべてにおいて、ビジュアル要素を移動、回転、拡大縮小させることができます。

2.3 アニメーション：フレームによる動きの作成

アイデアをコーディングするとき、「アニメーション」とは何を意味するのでしょうか。本書では、一連のフレームを素早く描くことで、文字通り「ストップモーション」にもかかわらず人間の心が動きを知覚することを意味します。以下の作例では、ほとんどすべてこの技法を使っています。この技法を使った最初期の作品のひとつは、1895年にすでにリュミエール兄弟（Lumière brothers）が制作したものです。

2.3.1 アニメーションの基礎

アニメーションを始める前に、フレームを素早く描くための仕組みを導入する必要があります。この仕組みはアニメーションに必要な要素です。Processingはこの仕組みにぴったりで、Processingのスケッチに次のような構造が用意されているほどです。作例を見てみましょう。

Processingプログラムの一般的な構造

```
// setup() 関数は一度だけ実行される
// ここでキャンバスや描画のスタイルを設定する
void setup() {
  size(640, 640);

  background(208, 170, 208);
  stroke(246, 173, 113);
  fill(64, 72, 224);
}

// draw() 関数は1秒間に30回から60回ほど実行される
// draw() 関数は1つのフレームを描画する
void draw() {
```

```
  // フレームの内容
  // ……
}
```

Tips 波括弧「{」を入力したら、すぐに閉じ括弧「}」も入力しておくと、括弧の閉じ忘れを防げます。これは丸括弧 () のときも同じです。

このコードは、本書の今後のすべてのコード例で使用する、基本的なProcessingの構造です。骨格として、setup()とdraw()という2つの関数を書く必要があります。「関数」とは何でしょうか。関数とは、名前を持ち、時には「パラメータ」と呼ばれる入力値を持つコードのブロックのことです。このコードのブロックは、一度だけ使用することも何度も使用することもできます。Processingでは、関数のコードは波括弧で囲みます。関数については4-3で詳しく説明します。とりあえずは、この作例の構造に従っておけばよいでしょう。

Processingでは、setup()とdraw()という2つの関数があれば、もうアニメーションを作れます。このシンプルな構造で、フレームごとのアニメーションを扱うには十分なのです。どのように動作するのでしょうか。Processingのプログラムが起動すると、setup()関数が一度だけ実行されます。つまり、setup()関数の波括弧の内側にあるコードをProcessingが実行します。ここには、プログラム起動時のシーンやキャンバスの重要な設定を「セットアップ」するためのコードを置くことができます。2つ目の関数draw()で、フレームごとのアニメーションを実現しています。draw()関数の中のコードは1秒間に何度も呼び出され、プログラムが停止するまで実行され続けます。通常、draw()関数は背景を消すことから始めます。そうしなければ、ひとつ前のフレームの上に描画します。

実際に動きを見るには、他に何が必要なのでしょうか。動く物体やシーンです。次のセクションでは、ビジュアル要素を簡単にアニメーション化する方法を紹介します。

2.3.2　シンプルな動き

アニメーションにおける動きの最初の作例として、小さな正方形をキャンバスの右側に1ピクセルずつ見えなくなるまで移動させてみます。

小さな正方形を１ピクセルずつ移動する（Ex_1_simplemovement_1）

```
void setup() {
  size(400, 400);
}

void draw() {
  // 背景を消す（=キャンバスをきれいにする）
  background(160);
  // X座標をframeCountに指定し、正方形を描く
  rect(frameCount, 30, 10, 10);
}
```

setup()とdraw()のコード構成になり、setup()で一度だけ実行されるコードと、繰り返し実行されるコード、つまりdraw()内のコードに分かれました。もうひとつ変わったところとして、frameCountを使用しています。これは、プログラムを開始してからdraw()で何フレーム描画したかを単純にカウントしているProcessingの変数です。draw()の初回実行時点のframeCountは1で、次は2、その次は3、と増えていきます。この変数を使って（x座標の値として）正方形を配置すると、この正方形はフレームごとに1ピクセルずつ右に移動していきます。これを高速に行うので、私たちの知覚はだまされ、なめらかに動く正方形が見えるのです。

これがアニメーションの極意です。つまり、1コマ1コマを高速に描画し、コマとコマの間を少しずつ変化させることで、動きのイリュージョンを生み出しているのです。ウォルト・ディズニー（Walt Disney）の一作目からスタジオジブリの息を呑むような映画まで、伝統的なアニメーションは何十年もの間、何百人もの才能ある作画者が紙の上に1コマ1コマ描いてきました。Processingは、この作業をキャンバスの上で代わりにやってくれるのです。次に、正方形を回転させながら動かしてみましょう。

小さな正方形の移動と回転（Ex_1_simplemovement_2）

```
void setup() {
  size(400, 400);
  rectMode(CENTER);
}
```

```
void draw() {
  background(160);
  // 正方形を frameCount 分動かす
  translate(frameCount, 30);
  // 正方形を回転させる
  rotate(radians(frameCount * (360 / (2 * PI * 10))));
  rect(0, 0, 20, 20);
}
```

〔サンプルコードでは「2 * PI * 10」が「20 * PI」になっています〕

この2つ目の作例では、正方形の直線的な移動と2つのキャンバス操作（平行移動と回転）を組み合わせています。ここでも、フレーム間の変化の要素として frameCount を使っていますが、今回は2度使っています。1つは移動に、もう1つは回転にです。まず、回転する正方形を回転する円として扱ってみましょう。円で考えると以下の計算が簡単になります。frameCount に 360 / (2 × π × 10) をかけることで、回転する動きを実現しています。この短い式で、1回転分の角度 360°と円の円周（2 × π ×半径で計算）を結びつけています。円の半径（10）は円の幅の半分です。つまり、360°という度数が、円が一回転するのに必要な距離（2 × π × 10）になるように関連づけているのです。

この計算は、あくまでも「しっくりくる動き」にたどり着くための方法のひとつです。計算できるのはよいことですが、自分の目を信じて、しっくりくるまで値を微調整することでたどり着くこともできるでしょう。このように、さまざまな方法で同じような結果を得ることができるのです。自分がいちばんやりやすい方法で取り組んでください。Processing は、必ずみなさんのために応えてくれます。

2.3.3　リズムのある動き

動きにはさまざまな形があります。直線的な動き、周期的な動き、ランダムな動き、あるいはまったく異なる複雑な動きなどです。先ほどの作例では、水平線上の直線的な動きで、正方形は最終的にキャンバスの外に出ていきました。もし正方形をずっと見続けられるようにしたければ、どうすればよいでしょうか。このセクションでは、ビジュアル要素をキャンバス内にとどめる2つの作例を紹介します。1つ目の作例は、動く正方形の単純なバリエーションです。

小さな正方形の移動と回転にバリエーションを加える（Ex_2_rythmmotion_1）

```
void setup() {
  size(400, 400);
  rectMode(CENTER);
}

void draw() {
  background(160);
  translate(width/2, height/2);
  rotate(radians(frameCount * (360 / (2 * PI * 10))));
  rect(50, 0, 20, 20);
}
```

変更した部分は、キャンバスの中心に平行移動して、回転の中心点から50ピクセル離れた定位置に正方形を描いたところです。正方形がキャンバス内にとどまるのは、正方形の移動経路（パス）が直線ではなく円になったからです。単純すぎますか？　その通りです！

次の作例では、値が増加していく`frameCount`を使って、周期的な動きを作り出しています。周期的な動きを作る簡単な方法は、`frameCount`を`sin()`関数で囲むことです。`sin()`関数は、ちょっとした小刻みな動きがほしいときにとても便利です。`frameCount`のような増加していく値を与えると、`sin()`関数はその値を-1から1の間をなめらかに移動する値に変換してくれます。

sin() 関数を使う

```
// 増加するframeCountを20で割って、sin()関数に渡す
sin(frameCount/20.0);
```

考えてみよう　なぜ`frameCount`ではなく`frameCount/20.0`を使っているのでしょうか。`frameCount/20.0`という値や、正方形の高さ20と幅20を変えてみてください。どうなりますか？

`sin()`関数の性質上、0、1、2、3……といった`frameCount`の値を直接使うと、計算の出力がやや飛び飛びになってしまいます。そのため、`frameCount`を`20.0`で割っています。こうすることで、`sin()`への入力がより小さな間隔で変化し、出力値がなめらかになるのです。これで、揺れ動く正方形を作ることができます。それでも、`sin()`の出力は-1から1の範囲なので、キャンバス上でほんの少し揺れるだけで、実際にはうまくいきません。そこで、出力値にキャンバスの幅（`width`）の半分をかけ、キャンバス全体を

同じだけ右に平行移動させることで、このジグザグの動きをはっきり見せています。この作例では、それがどのように連動しているのかを示しています。

sin() 関数による水平軸の動き（Ex_2_rythmmotion_2）

```
// setup() は前と同じ
void draw() {
  background(160);
  translate(width/2, height/2);
  rect(sin(frameCount/20.0) * width/2, 20, 20, 20);
}
```

〔サンプルコードでは「2 * PI * 10」が「20 * PI」になっています〕

次の作例では、直線的な動きと周期的な動きを組み合わせています。下の正方形は単純に frameCount に従って動いています。上の正方形は、先ほどと同様に sin() の出力を使い、abs() 関数を適用した結果、飛び跳ねるような動きをします。abs() 関数は、正の値はそのままに（1 は 1 のまま）、負の値は正の値に変えます（-1 は 1 になる）。これを sin() 関数に適用すると、なめらかな波のような動きから飛び跳ねる動きに変わります。

abs() 関数と sin() 関数を組み合わせる（Ex_2_rythmmotion_3）

```
// setup() は前と同じ
void draw() {
  background(160);
  translate(0, height/2);

  // 直線的な動きの正方形（下）
  rect(frameCount, 20, 20, 20);

  // 飛び跳ねる正方形（上）
  rect(frameCount, -1 * abs(sin(frameCount/20.0)) * 60, ⋯
20, 20);
}
```

Tips 飛び跳ねる正方形の式、abs(sin(frameCount/20.0)) * 60 内の値 20.0 と 60 を変えてみて、このオブジェクトの動きが変わるのを確認してください。

最後に、細かいところに気づいたかもしれません。Processing のキャンバスにおける垂直方向の位置は、0（上端）から height（下端）へと下向きに変化するので、abs() 関数に -1 をかける必要があります。つまり、垂直方向の位置が大きければ大きいほど、キャンバスの下端に近づきます。-1 をかけ abs() の出力を逆にすることで、実際の動きに合うようになります。この乗算を削除してみると、違いがよくわかると思います。

周期的な動きの最後の作例として（**図 2-4**）、前の作例の下の正方形に（素早く後戻りする）スナップバックの動きを作ることができます。また、正方形の `fill()` の色を変えています。ぶつかりそうなときが最も暗く、それから徐々に明るくなります。

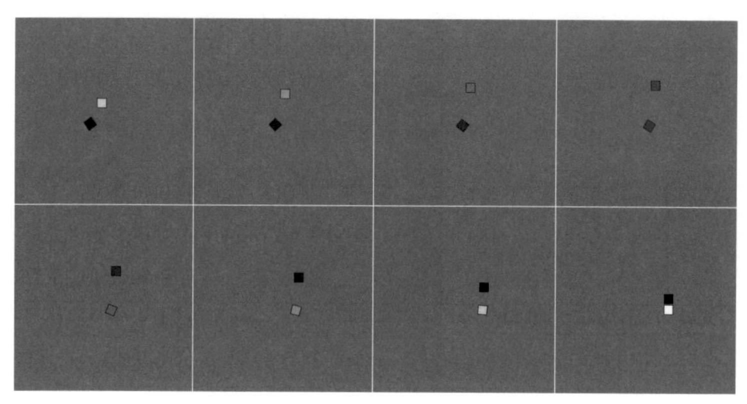

図 2-4　色を変化させながら動く 2 つの正方形

前の作例にスナップバックの動きを加える（Ex_2_rythmmotion_4）

```
// setup() は前と同じ
void draw() {
  background(160);
  translate(0, height/2);

  // frameCount と連動したグレースケールの色に変更
  fill((frameCount % (20 * PI)) * 4);

  // 飛び跳ねる正方形（前と同じ）
  rect(frameCount, -abs(sin(frameCount/20.0)) * 60, 
20, 20);

  // frameCount と連動したグレースケールの色に変更（先ほどの色とは反転させる）
  fill(255 - (frameCount % (20 * PI)) * 4);

  // 直線的な動きの正方形にスナップバックの動きをつける
  translate(frameCount-20, 0);
  rotate(radians(60 - frameCount % (20 * PI)));
  rect(20, 20, 20, 20);
```

〔作例でダウンロードできるコードには誤りがありました。このページのコードは修正済みです〕

ここでも、簡単な数式を使って、アニメーションの各パーツの関係を計算しています。下の正方形のスナップバックの動きと、正方形の色の変化が同期しています。どちらも、余剰演算子 % の働きを理解することが重要です。余剰演算子は、多くのプログラミング言語では「%」と表記し、除算の余りを返します。たとえば、5 を 4 で割ると余りは 1 になり、4 を 4 で割ると 0 になります。次のリストは、余剰演算子の動作を示しています。

余剰演算子

```
//  余剰演算子 % の例
0 % 4 = 0
1 % 4 = 1
2 % 4 = 2
3 % 4 = 3

4 % 4 = 0
5 % 4 = 1
6 % 4 = 2
7 % 4 = 3

8 % 4 = 0
9 % 4 = 1
……
```

演算子 % の手前の数値が上昇すると、出力は 0 からオペランド（演算対象、ここでは 4）の直前の値まで上昇します。これを視覚的に表現すると、のこぎりの歯のような線になります（**図 2-5**）。これも、Processing でビジュアル要素を周期的にコントロールするのに便利で、私たちもよく使っています。

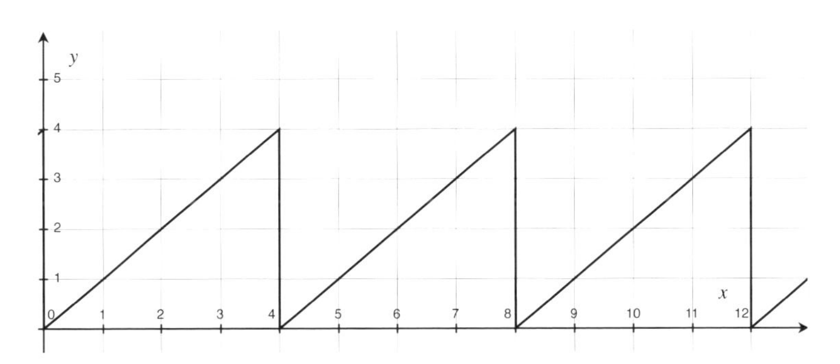

図 2-5　視覚化された余剰演算子。特徴的な「のこぎり歯」のパターンに注目

2.4 アニメーションのコントロール

これまで作ってきたものは、静的または動的なビジュアル要素で、入力に対する反応を伴わないものでした。つまり、Processingのスケッチは、それ自体で完結して実行されていました。そのため、実行中にビジュアルの結果をコントロールすることはできません。この短い節では、マウスを使ってビジュアル要素をコントロールする方法を紹介します。まず最初に理解しておかなければいけないことは、これまでProcessingのスケッチで入力していた数値は、マウスの動きやマウスクリックといったインタラクションからの入力でコントロールできるということです。次の作例を見てください。

マウスを使ってビジュアル要素をコントロールする（Ex_1_mousemovement_1）

```
void setup() {
  size(400, 400);
  rectMode(CENTER);
}

void draw() {
  background(160);

  // 1つ目の線は静的
  ellipse(50, 75, 50, 50);
  // 2つ目の円は動的
  ellipse(mouseX, mouseY, 50, 50);
}
```

このコードでは、キャンバスに2つの円を描いています。1つ目の円は静的なもので、動くことはありません。2つ目の円は、最初の2つの数値50と75を、mouseXとmouseYに書き換えています。これを試してみると、2つ目の円がマウスポインタについてくることがわかるでしょう。つまり、マウスポインタと同じ位置に円が描かれているのです。静的な数値をmouseXとmouseYに書き換えるだけで、円の挙動が変わり、mouseXとmouseYが指し示す場所にいつも配置されるようになります。

この仕組みはどうなっているのでしょうか。mouseXやmouseYは「変数」といいます。変数は以前にも登場しましたね。変数とは、変化することができるデータの断片のことです。ここでは、どのように変化しているのでしょうか。Processingは、現在のマウス位置をこの変数に自動的に書き込んでいます。そのため、現在のマウス位置の水平方向の座標をmouseX、垂直方向の座標をmouseYとして使うことができます。

考えてみよう マウスの位置を使って、他の何かをコントロールすることはできますか。たとえば、正方形のサイズや塗りの色などです。試してみてください。静的な数値を mouseX のような変数で書き換えるだけでできるということを覚えておいてください。

2.4.1 マウスボタンと動きの組み合わせ

Processing では mousePressed も便利な変数です。この変数は、true と false の２つの値しか取りません。マウスによって新しいマウスボタンのイベントが発生すると、Processing は直ちにこの変数に自動的に値を書き込みます。次の作例では、マウスの左ボタンを押したまま、マウスをキャンバスの好きな位置に動かす（マウスをドラッグする）と反応する、というインタラクションがあります。

mousePressed の機能を使う（Ex_1_mousemovement_2）

```
void setup() {
  size(600, 600);
}

void draw() {
  // 白い背景に黒い線
  background(255);
  stroke(0);

  // もしマウスが押されていたら……
  if (mousePressed) {
    // ……面白い線を描く
    line(mouseX, 150, 150, mouseY);
  }
}
```

この作例では、マウスの左ボタンの押下とマウスの移動を組み合わせて、簡単な線を描いています。また、この作例では新たに、キャンバスに線を描く前に条件をチェックする if 文を使っています。この if 文は、括弧の中にある条件を評価します。この作例では、mousePressed が true かどうかを評価しています。もし true なら線を描き、そうでなければ何もしません。

mousePressed を使った応用例は後ほど説明します。たとえば要素を切り替えたり、Processing スケッチの異なる部分をアクティブにしたりといったことができます。

Tips Processingでは、キーボードのキーもマウスボタンと同じ役割を果たすことができます。コードの`mousePressed`を`keyPressed`に書き換えてみてください。どうすれば異なるキーを区別できるか、Processingのリファレンスを参照してみてください。

2.5 まとめ

この章では、Processingを使って実験し、自分の好きな面白いビジュアル要素を見つけることについて説明しました。1、2個のビジュアル要素なら、簡単に制作することができました。しかし、たくさんの要素を扱うと、あっという間に複雑になってしまいます。すべての図形のある1つの特徴を変えたい場合、コードを何行も編集する必要があります。このような問題を解決するために、タイピングに頼らず、マシンに任せる方法があるはずです。

次のステップ「構図と構造」では、Processingのスケッチをより複雑なアートワークに発展させるために、構造とスタイルで実現する方法を説明します。クリエイターとしての主導権を握ったまま、マシンの力を解き放つことを学んでいきましょう。

第3章 構図と構造

前章では、Processingでビジュアル要素を描き、1行ずつ編集して要素を実験してみることから始めました。本章では、第1ステップから第2ステップ「構図と構造」に進みます。ビジュアル要素を使い続け、その特性を発見するほど、複雑なスケッチを作成できるようになります。たとえば、形や色の組み合わせ、形の構成などを素早く試すことで、面白いビジュアル要素のバリエーションを生み出すことができます。最初のうちは、どんどんクリエイティブに進展していきますが、スケッチが複雑になるにつれてスピードが落ちていきます。そこで行き詰まり、圧倒されたり混乱したりすることがあります。このような場合、何らかの秩序や構造を持たせることで、心を落ち着かせ、次のステップへの弾みをつけることができます。構造は、全体を把握し、コードの意味を理解するのに役立つだけではありません。構造には美的な性質もあり、全体像やビジュアル要素、視覚的なレイヤー間の関係に注目することで、自分のアイデアを表現するのにも役立ちます。

この章では、繰り返しやバリエーション、ランダムを使って視覚的構造を作る方法と、最初のプロトタイプに向けてアイデアを成長させる方法を紹介します。視覚的構造の詳細に入る前に、コードやデータを構造化する方法と、視覚的なコントロールを個々のビジュアル要素からたくさんの要素やものに拡張する方法を紹介します。「たくさんのもの」を分解しておくことで、後半のセクションで視覚的構造に踏み込む準備ができるでしょう。

3.1 データとコードの構造

アイデアを表現した最初のスケッチを拡張する場合、手持ちのビジュアル要素の数を増やすことから始め、バリエーションを加え、たくさんの要素で遊びながら、最終的に絶対に必要な要素に絞り込んでいくでしょう。ビジュアル要素のコレクションを増やすというクリエイティブな行為は、しばしば新しいアイデアや視点を生み出してくれるものです。

この節は2つのパートに分かれています。「たくさんのものを作る」と「たくさんのものをコントロールする」です。まず、ビジュアル要素を「たくさんのもの」に拡張することから始めます。1つのビジュアル要素のバリエーションやクローンを多数作成し、これらのクローンを表示しコントロールする方法について扱います。

どのプログラミング言語も、たくさんのオブジェクトを同時に扱うための機能を1つ以上は持っています。これはコンピュータが得意とすることです。複数のオブジェクトに、同じ命令か似たような命令をできるだけ高速に適用することができます。そのため、クリエイターにとっては、やるべきことをコンピュータに正確に伝えることだけに取り組めばよいのです。作例を動かして見てみるのがいちばんでしょう。パーティクルを作り、アニメーションを作っていきます。

3.1.1　たくさんのものの生成

Processingのキャンバスにたくさんのものを作る最初の作例として、キャンバスにランダムにドットを生成する方法を紹介します。

ランダムにドットを生成する（Ex_1_creatingmanythings_1）

```
void setup() {
  size(400, 400);
  background(35, 27, 107);
  noStroke();
}

void draw() {
  fill(238, 120, 138, 250);
  ellipse(random(0, width), random(0, height), 15, 15);
  filter(BLUR, 1);
}
```

まったく同じ図形でも、少し異なる特徴を持ったものを描きたいことがあります。次の作例では、位置を指定するために2つの変数 `x` と `y` を作成しています。`draw()` 関数で、まず位置用の変数を設定しておき、その位置に円を描いています。

2つの変数 x と y を使ってランダムにドットを生成する（Ex_1_creatingmanythings_2）

```
void draw() {
  fill(238, 120, 138, 250);
  // 位置を指定する2つの変数 x, y を作成する
  float x = random(0, width);
  float y = random(0, height);
```

```
  ellipse(x, y, 15, 15);
  filter(BLUR, 1);
}
```

この作例をもとに、さらにちょっとした練習をしてみましょう。これまでの作例では、ドットはキャンバス全体を覆っていました。では、キャンバスの中心にある円の中だけにドットを描きたい場合はどうすればよいでしょうか。ほんの少しコードを追加するだけで実現できます（図3-1）。

図3-1　キャンバスの中央に消えていくドットを描画する

キャンバスに描画するたくさんのものの位置を指定する（Ex_1_creatingmanythings_3）

```
void draw() {
  fill(238, 120, 138, 250);
  // 位置を指定する2つの変数 x, y を作成する
  float x = random(0, width);
  float y = random(0, height);
  // (x,y) とキャンバスの中心との間の距離をチェックし、150より小さい場合だけ⋯
円を描画する
  if (dist(x, y, width/2, height/2) < 150) {
    ellipse(x, y, 15, 15);
  }
  filter(BLUR, 1);
}
```

この作例では、2点間の距離をピクセル数で返す`dist()`関数を取り入れました。この2点は、それぞれのxとyの座標で指定します（1つ目の点のxとy、次に2つ目の点のxとyの順序）。`if`の条件文で、中心点までの距離が150ピクセル以下の場合だけドットを描画するようにしています。そんなに難しくはないですよね。この手法は、「生成とテスト」ともいいます。ランダムに位置を生成し、それが距離の基準と合致するかどうかをテストしているからです。合致した場合だけ、その位置を使って図形を描きます。

このスケッチは、「たくさんのもの」という観点では何が起きているのでしょうか。キャンバスを簡単に設定した後、1フレームにつき1つの円をランダムな位置に描いています。最後にフィルタでキャンバスをぼかすことで、円が徐々にぼやけて消えていきます。このスケッチでは背景を消していないので、描画とぼけの効果が重なりあっていきます。ここでは「たくさんのもの」を描いているように見えますが、基本的には1つの円を描いていて、それをキャンバスが視覚的に「記憶」しているだけなのです。描画が終わると、個々の円との接点は失われてしまいます。

もっとコントロールできるようにするには、コード構造の中で円（正確には円の位置）を記憶しておき、それを変更する方法を知る必要があります。それに、複数の円を記憶し描画する必要があることから、複数の円で構成される新しいビジュアルを作成することもできます。

次の作例では、60個の円の位置を記憶し、ループで描画しています。マウスをクリックすると、マウスの位置が現在選択されている円の位置として保存されます。このようにして、キャンバスにループする図形を描いています。まず試してみましょう。

インタラクティブなマウスの軌跡を描画する（Ex_1_creatingmanythings_4）

```
PVector[] ellipses = new PVector[60];

void setup() {
  size(400, 400);
  background(35, 27, 107);
  noStroke();

  // 配列ellipsesを初期化する
  for (int i = 0; i < ellipses.length; i++) {
    ellipses[i] = new PVector();
  }
}

void draw() {
  filter(BLUR, 1);

  // 配列から位置を1つ取り出す
  PVector p = ellipses[frameCount % ellipses.length];

  // マウスが押されていたら、マウスの位置をセットする
  if (mousePressed) {
    p.set(mouseX, mouseY);
  }
```

```
  // その位置に描画する
  fill(238, 120, 138, 250);
  ellipse(p.x, p.y, 15, 15);
}
```

考えてみよう **PVectorというオブジェクトは、ある点のx座標とy座標をセットにしたものです。座標を個別に読み書きしたり、高度な演算を行ったりできます。これについては後ほど紹介します。**

この「保存」はどのように行われるのでしょうか。Processingをはじめとする多くのプログラミング言語では、「配列」を使って同じ型の複数のオブジェクトを格納します。「型」とは、ここではPVectorオブジェクトとして指定している位置などのことです。配列は、角括弧[]とサイズを指定する数値を使って定義します。この作例の円の配列の場合、サイズを60にしています（コードの1行目を参照）。

これで、60個分の位置を記憶するメモリ空間ができました。次に、実際の位置、つまりPVectorのインスタンスでこのメモリ空間を初期化する必要があります。この初期化は、setup()関数のループ内で行っています。ループは初めて使いますが、配列を使うときにはぴったりの概念です。ループを使えば、ループ内の同じコードを指定した回数だけ実行することができます。配列の初期化で、PVectorオブジェクトを60回作成するので、まさにループが必要です。このループは、カウンタiと条件（iが60より小さい限りループを実行）を使ったforループです。このループはi = 0で始まり、実行するたびにi++で1ずつ増加します。

Tips **ループの種類は他にもありますが、本書ではforループだけを使います。**

最後に、draw()関数で、60個ある位置から1つの位置を取り出し、その位置に円を描いています。円を描く前に、マウスが現在押されているかどうか（mousePressed）をチェックします。もし押されていたら、配列内の1つの位置を現在のマウス位置で更新します。このように変更することで、キャンバスにドットを描けるようになります。配列の各位置はユーザーの描画操作を記憶していて、再びマウスが押され新しい位置が設定されるまで、繰り返し描き続けるようになりました。

たくさんのものを作る作例をもうひとつ試してみましょう。今度は、「数千個のもの」を作ってみます（**図3-2**）。この作例では、4000個のパーティクルを作成します。それぞれのパーティクルは、位置とサイズ（変数particleを参照）、移動の向き（directionを参照）を持っています。ProcessingのPVectorデータ型を使って、位置と大きさをひとつの PVector オブジェクトに、向きをもうひとつの PVector オブジェクトに保存しています。

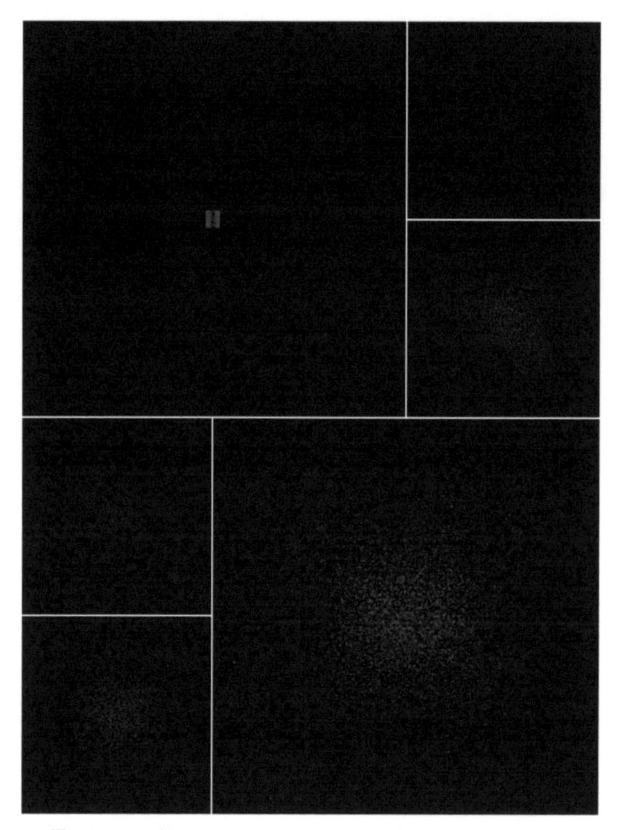

図 3-2　4000 個のパーティクルを、それぞれの向きに動かして描画する

4000 個のパーティクルの動きを描く（Ex_1_creatingmanythings_5）

```
// 4000 個のパーティクルの位置を格納するメモリ空間を確保する
PVcctor[] particle = new PVector[4000];
// 4000 個のパーティクルの向きを格納するメモリ空間を確保する
PVector[] direction = new PVector[4000];

void setup() {
  size(600, 600);
  smooth();
  noStroke();
  // 4000 個すべてのパーティクルをループする
  for (int i = 0; i < 4000; i++) {
```

```
    // パーティクルを中心位置で初期化する
    // 3つ目の要素でパーティクルのサイズと色を指定する
    particle[i] = new PVector(0, 0, random(0.5, 4));
    // パーティクルの向きをランダムな向きで初期化する
    direction[i] = new PVector(random(-1, 1), ⋯
random(-1, 1));
  }
}

void draw() {
  // 濃い青の背景
  background(35, 27, 107);
  // キャンバスの中心を基準に描く
  translate(width/2, height/2);

  // すべてのパーティクルをループする
  for (int i = 0; i < 4000; i++) {
    // 位置を更新する
    PVector p = particle[i].add(direction[i]);
    // 個々の色を設定する
    fill(238, 120, 138, p.z * 30);
    // パーティクルの図形を描く
    ellipse(p.x, p.y, p.z, p.z);
  }
}
```

この例では、パーティクルの異なる属性を２つの配列に格納するというトリックを使っています。この方法では、常に両方の配列を初期化し、読み込み、更新する必要があるため、混乱しがちです。そこで、もっとよい方法を紹介します。Processing では、パーティクルのデータ構造を独自に定義することができます。次のコードでは、前のスケッチをどのように変更したかを見ることができます。

パーティクルを定義するデータ構造を使う（Ex_1_creatingmanythings_6）

```
// 4000個のパーティクルを保存するメモリ空間を確保する
Particle[] particles = new Particle[4000];

void setup() {
  size(600, 600);
  smooth();
  noStroke();
```

```
  // 4000個すべてのパーティクルをループし初期化する
  for (int i = 0; i < 4000; i++) {
    particles[i] = new Particle();
  }
}

void draw() {
  // 濃い青の背景
  background(35, 27, 107);
  // キャンバスの中心を基準に描く
  translate(width/2, height/2);
  // すべてのパーティクルをループする
  for (Particle p : particles) {
    // パーティクルの位置を更新して描く
    p.move();
    p.show();
  }
}
// パーティクル用の新しいクラスを作る
class Particle {
  float x, y, size, directionX, directionY;
  // 初期化する（「コンストラクタ」と呼ばれる）
  public Particle() {
    this.size = random(0.5, 4);
    this.directionX = random(-1, 1);
    this.directionY = random(-1, 1);
  }
  // パーティクルの位置を向きにそって動かす関数
  public void move() {
    // xにdirectionXを加え、yにdirectionYを加える
    this.x += directionX;
    this.y += directionY;
  }
  // キャンバスにパーティクルを描画する
  public void show() {
    // 個々のパーティクルの色を設定する
    fill(238, 120, 138, this.size * 30);
    // パーティクルの図形を描く
    ellipse(this.x, this.y, this.size, this.size);
  }
}
```

1行目で、もう2つの配列を作ることはしていません。その代わりに、Particleの配列を1つ作り、setup()関数で初期化しています。新しいParticleクラスはスケッチのいちばん下に書いています。このクラスでは、5つの変数（x、y、size、directionX、 directionY）と3つの関数を定義しています。最初の関数Particle()は「コンストラクタ」と呼ばれ、Processingがこのクラスのインスタンスを生成するときに自動的に呼び出されます。コンストラクタは、内部の変数を設定しておくのに便利です。それから、2つの関数move()とshow()で、1つのパーティクルを画面上で動かしたり描いたりできます。リモコンのようなものです。

クラスを設定した後、draw()関数でどのように使うかを見てみましょう。すべてのパーティクルをループして、ひとつひとつのパーティクルにmove()関数とshow()関数を呼び出しています。これで、draw()関数はずいぶん短くシンプルになりました。この作例では、コードを単純化するために構造を利用しました。コード全体をdraw()ループでコントロールする部分と、Particleクラス内の移動と描画のコードに分離したのです。

3.1.2 たくさんのもののコントロール

前の作例では、たくさんのものを作る方法と、それらをコントロールする方法を見てきました。Particleクラスで構造をシンプルにできたおかげで、move()関数を変更するだけで、パーティクルをキャンバス内にとどまらせ、画面の外に出ないようにすることができるようになりました。以下のコードは、先ほどの作例のmove()関数を書き換えただけです。

move()関数を変更し、たくさんのものをコントロールする（Ex_2_controlmanythings_1）

```
  public void move() {
    // 中心位置からパーティクルまでの距離を計算する
    if (dist(this.x, this.y, 0, 0) > 250) {
      // 位置と新しいランダムな目標位置を作る
      PVector position = new PVector(this.x, this.y);
      PVector target = new PVector(random(-250, 250), ⋯
random(-250, 250));
      // 現在位置と目標位置間のベクトルを計算する
      PVector direction = PVector.sub(target, position);
      // direction を 600 で割って小さなステップに刻む
      direction.div(600);
      // パーティクルの新たな向きを設定する
      directionX = direction.x;
      directionY = direction.y;
    }
```

```
    // 以下は前と同じ
    this.x += directionX;
    this.y += directionY;
  }
```

この作例では、キャンバスの中心を囲む見えない壁でパーティクルの動きを制限しています。どうやって制限しているのでしょう。実は「壁」はなく、代わりに各パーティクルが中心点 (0, 0) からどれだけ離れているかをチェックしています。中心点からの距離が 250 ピクセル以上あったら、パーティクルの新たな向きを計算します。つまり、中心点からの距離が最大値に達すると自動的に跳ね返るので、すべてのパーティクルの動きが制限されるようになったのです。すべてのパーティクルがこの制限を受けているため、見えない壁があるように感じるのです。このような効果を生み出せることが、「たくさんのもの」を扱うことの強力な利点です。

考えてみよう **パーティクルの形状を個別に変えてみましょう。たとえば、パーティクルが壁にぶつかるたびに、ドットが正方形に変わったり戻ったりするようにしてください。**

この作例では、新しい Particle クラスに、一度に 1 つのパーティクルをコントロールできる関数を定義することで、たくさんのものの動きをコントロールしました。パーティクルの動きをコントロールする関数ができたので、この関数を使ってインタラクティビティを持たせることもできます。

マウスのインタラクティビティを使い、たくさんのものをコントロールする（Ex_2_controlmanythings_2）

```
// ……

void draw() {
  // 濃い青の背景
  background(35, 27, 107);
  // キャンバスの中心を基準に描く
  translate(width/2, height/2);
  // すべてのパーティクルをループする
  for (Particle p : particles) {
    // マウスとキャンバス中心間の水平方向の距離によって位置を更新する
    p.move(abs(width/2 - mouseX));
    // パーティクルを描く
    p.show();
  }
}
```

```
// ……

// move() 関数にパラメータ「radius」を追加する
// 以下 250 だった数値の部分を radius に書き換えている
public void move(int radius) {
  // 中心位置からパーティクルまでの距離を計算する
  if (dist(this.x, this.y, 0, 0) > radius) {
    // 位置と新しいランダムな目標位置を作る
    PVector position = new PVector(this.x, this.y);
    PVector target = new PVector(random(-radius, ⋯
radius), random(-radius, radius));
    // 現在位置と目標位置間のベクトルを計算する
    PVector direction = PVector.sub(target, position);
    // direction を 600 で割って小さなステップに刻む
    direction.div(600);
    // パーティクルの新たな向きを設定する
    directionX = direction.x;
    directionY = direction.y;
  }
  // 以下は前と同じ
  this.x += directionX;
  this.y += directionY;
}

// ……
```

この作例は、前のコードを2か所変更しただけです。draw() 関数で、追加のパラメータを指定して move() 関数を呼び出しています。このパラメータは、move() 関数で半径（radius）として定義されていて、中心点からの最大ピクセル距離をコントロールします。これだけの変更で、見えない壁をマウスで操作できるようになりました。試してみてください。

これまでの作例を簡単に振り返ると、「たくさんのもの」を作るところからコントロールするところまでやってみました。パーティクルの描画には1つの図形（ドット）しか使わず、パーティクルの色と大きさはどれも同じです。これは Particle クラスの show() 関数内で変更することができます。最後に、マウスを使い、中心点までの距離によって、パーティクルクラウド全体の形をコントロールしました。

たくさんのものを1つずつ作り、コントロールするには、何らかの構造が必要です。なぜでしょうか。4000個のパーティクルに対して、細かな変数とコードスニペットを作らなければいけないと想像してみてください。大量のコードを書き、何千個のものを頭に入れ、チェックし、改善する必要が発生します。もし、たったひとつのミスを犯し、それを4000回コピーしていたら、修正するのが大工事になってしまうでしょう。

データ構造として配列を使用し、すべての配列要素にアクセスする for ループを使うことで、すべての要素をコントロールでき、描画に必要なコードをとてもシンプルにできます。最初は、データ構造として Processing の PVector データ型による 2 つの配列を使いました。それから、パーティクルに関する情報をまとめ、パーティクルの動きを制御する関数を定義するために、クラス（class）概念を導入しました。Particle クラスが、パーティクルのさまざまなデータをまとめて管理するため、パーティクルの描画に必要なものを 1 か所に集約できました。また、パーティクルのデータを変更することもできました。今回は、描画する前に要素を少し動かして、パーティクルが飛んでいくアニメーションを作成しました。また、このクラス構造によって、シンプルな move() 関数ですべてのパーティクルの挙動をコントロールし、show() 関数で描画することができるようになりました。これで、すべてのパーティクルの独立した動きを実現しつつ、一般的なルールに従った動きもさせることができます（「見えない壁」のことを考えてみましょう）。Particle クラス内の関数は、パーティクルのメモリにアクセスすることができます。半径（radius）のような描画のための新たな情報を追加することも可能です。この追加情報は「パラメータ」といって、必要に応じてパーティクルの挙動にデータを注入することができます。

制作プロセスでは、いつも少ない構造から始め、物事が複雑になってから、たくさんの構造を作ります。もしこのことによく悩むようなら、プロセスの中で構造を改善する時間を設けてください。そうすれば、時間の経過とともにしっかり進めていくことができます。さて、個々のパーティクルのレベルで、データやコードに適した構造を使いましたが、パーティクルクラウド全体を直接操作したい場合はどうすればよいでしょうか？　もっと視覚的な構造を作りたい場合は、どうすればよいでしょうか？

3.2 視覚的構造

空間はビジュアルアートに不可欠な要素です。空間的な配置やレイヤーは、ビジュアル要素の見え方をコントロールする方法を提供し、空間的な相互作用が私たちの視点や注意をどう導くか示します。この章における視覚的構造とは、要素や要素の集まりを視覚的に構成し、互いの関係を作り出す方法に関するものです。この節では、たくさんのものをひとまとまりのものとして捉え、創造的に扱います。ゲシュタルト理論というものを聞いたことがある方もいらっしゃると思います。ここでは、その理論を使ってゲシュタルトを作成し、操作します。

3.2.1 構図と整列

視覚的構造から始めるにはどうすればよいでしょう。前のセクションの作例であるパーティクルクラウドを、空間的に構成してみましょう。ここでは、パーティクルクラウドを単純に６つの画面で繰り返すことにします。この例では、キャンバスの平行移動と、複雑さを減らす関数という、これまでに見てきた概念を組み合わせています。多くのアーティストがこうした構図で制作してきました。元の画像をタイル状に並べ、キャンバス全体を元の画像から多少変化をつけながら繰り返して埋めつくします。前の作例の draw() 関数を、新しいバージョンの draw() 関数と新たな関数 drawParticleCloud() に書き換えてみましょう。

drawParticleCloud() 関数を使い、パーティクルクラウドを描画する (Ex_1_composition_1)

```
void draw() {
  // 濃い青の背景
  background(35, 27, 107);
  // パーティクルクラウドを別々の場所に描く
  // (座標でクラウドの中心点を指定する)
  // 1列目 (y座標は100)
  drawParticleCloud(100, 100);
  drawParticleCloud(300, 100);
  drawParticleCloud(500, 100);
  // 2列目 (y座標は300)
  drawParticleCloud(100, 300);
  drawParticleCloud(300, 300);
  drawParticleCloud(500, 300);
}

// 場所のパラメータを受け取り、パーティクルクラウドを描く関数
void drawParticleCloud(int x, int y) {
  // 平行移動する前に、現在のキャンバス設定を保存する
  pushMatrix();
  // パーティクルクラウドの中心点に平行移動する
  translate(x, y);
  // すべてのパーティクルをループする
  for (Particle p : particles) {
    // パーティクルの位置を更新し描画する
    p.move(abs(width/2-mouseX));
    p.show();
  }
  // キャンバスを復元する
  popMatrix();
}
```

考えてみよう パーティクルのスピードを変えるにはどうすればよいでしょうか。**Particle** クラスと **move()** 関数をよく見てください。

3つのパーティクルクラウドが2列あり、あわせて6回描画しています。このコードでは、指定した場所にパーティクルクラウドを描画する drawParticleCloud() 関数を追加しています。よく見ると、パーティクルの動きが速くなり、アニメーションが少しかくついているように見えます。その理由は2つあります。ひとつ目は、6つのクラウドを同時に描画しているためです。パーティクルの数は、4000個から24000個になりました。そのため、コンピュータが1フレームを描画するのにかかる時間が長くなってしまいます。小さなパーティクルを1個だけ描くのは速くても、6倍もの数を描くとなると、その分時間がかかります。使用するコンピュータの処理能力にもよりますが、フレームレートは下がります。なぜでしょう。毎秒60フレームのフレームレートを実現するには、コンピュータは1フレームを約16ミリ秒で描画する必要があります。この大量のパーティクルを描画するのに16ミリ秒以上の時間がかかったら、1秒間に60枚のフレームを描画することができません。その結果、フレームレートが下がり、少しかくついたアニメーションになってしまうのです。ふたつ目の理由は、drawParticleCloud() 関数をフレームごとに6回呼び出すため、すべてのパーティクルをフレームごとに6回動かすことになっているからです。全体的にあまりよくありません。

これらの問題を解決するにはどうすればよいでしょうか。パーティクルクラウドを一度だけ描画し、それを他の5つの領域に直接コピーすればよいのです。前のコードを少し変更するだけで、アニメーションをすぐにスピードアップできます。次のコードは、draw() 関数を書き換えたものです。

drawParticleCloud() 関数で描いたクラウドをコピーする（Ex_1_composition_2）

```
void draw() {
  // 濃い青の背景
  background(35, 27, 107);

  // 1列目
  drawParticleCloud(100, 100);
  copy(0, 0, 200, 200, 200, 0, 200, 200);
  copy(0, 0, 200, 200, 400, 0, 200, 200);
  // 2列目
  copy(0, 0, 200, 200, 0, 200, 200, 200);
  copy(0, 0, 200, 200, 200, 200, 200, 200);
  copy(0, 0, 200, 200, 400, 200, 200, 200);
}
```

パーティクルの描画はコードの中で一度だけ行い、その後に copy() 関数を 5 回呼び出していることがわかります。Processing の copy() 関数は、キャンバス上で直接動作し、キャンバス上の矩形の領域を同じキャンバス上の別の領域にコピーします。4 つ目までのパラメータは、この例ではどれも同じで、コピー元の領域を指定しています。「左上角が (0, 0) で、サイズが 200 x 200 ピクセルの領域からコピーする」という意味です。

残りの 4 つのパラメータで、コピー先の場所とサイズを指定しています。「左上角が (200, 0) で、サイズが 200 x 200 の領域にコピーを描画する」という意味です。

また、描画したクラウドを画像としてコピーすることもできます。その後、この画像をキャンバス上に 5 回描画することができます。結果は先ほどと同じですが、今度はクラウドを独立した画像として持っているので、描画する前に加工することができます。少し色合いを変えて、どんなことができるのか見てみましょう。

画像のコピー、色合い(tint())効果を使った描画(Ex_1_composition_3)

```
void draw() {
  // 濃い青の背景
  background(35, 27, 107);

  // 1列目
  drawParticleCloud(100, 100);
  // クラウドを画像としてコピーする
  PImage cloud = get(0, 0, 200, 200);
  tint(255, 255, 200);
  image(cloud, 200, 0, 200, 200);
  tint(255, 255, 160);
  image(cloud, 400, 0, 200, 200);
  // 2列目
  tint(200, 160, 160);
  image(cloud, 0, 200, 200, 200);
  tint(200, 120, 80);
  image(cloud, 200, 200, 200, 200);
  tint(200, 80, 40);
  image(cloud, 400, 200, 200, 200);
}
```

このコードでは draw() 関数を書き換えました。image() 関数を呼び出す前に、tint() 関数を使っています。この関数は、色の値をパラメータとして受け取り、次に描画する画像の色合いを変えます。ニュートラルな色合いには、RGB 値 (255, 255, 255) を指定し、半透明の画像を描くために透明度(4 つ目のパラメータ)を指定することもできます。上記のコードでは、RGB 値を使ってクラウドの各画像の色合いを変えています。1列目では青を濃くし（Bの値を徐々に減らす）、2列目ではパーティクルの赤をより際立たせるように緑成分を減らしています（Gの値を徐々に減らす）。

色合いを変えることは、パーティクルクラウドの画像でできることの一例です。キャンバスに描画する前に、`filter()` 関数を使用したり、画像を拡大縮小したり回転させたりすることができます。こうした機能は、画像としてレンダリングされたパーティクルクラウド全体に対して適用されることを理解しておくことが重要です。すべてのパーティクルは1つのレイヤー（画像）に投影され、このレイヤーを操作することができるようになりましたが、ひとつひとつのパーティクルを操作することはもうできません。こうすることで、レンダリングを高速化し、画像としてのクラウドを操作できるという興味深い可能性が生まれますが、個々のパーティクルを変更する可能性は失われます。これは「最適化」と呼ばれるものです。ここでは、スピードアップと、`tint()` や `filter()` のような機能を使えるように、最適化（改善）したのです。最適化することができたのは、着目点を個々のパーティクルからクラウド全体に移行したからです。次のセクションでは、さらに一歩進んで、複数のクラウドを組み合わせて構成する方法を探ります。

3.2.2 レイヤーを使った構成

何世紀にもわたって、画家たちはレイヤーを使って遠近感や奥行きを作り出してきました。風景画や静物画、それに肖像画を描くときも、キャンバスのふちの方から描き始めるという技法があります。次に、近景が見えるところまで、背景を中央へ描き進めます。最後に細部を描きます。こうした作業は、当然ながらレイヤーをベースにしています。レイヤーは、空間内のオブジェクトの構成に役立ち、伝統的な絵画でもデジタル描画ツールでも使われています。たとえばPhotoshopやIllustratorのようなアプリケーションでは、レイヤーは強力な機能です。別のレイヤーで代替案を試したり、レイヤーを表示したり隠したり、レイヤーの順序を変えたりすることができます。要するに、ビジュアル要素をレイヤーにグループ化することで、ビジュアル要素間の新しい関係をキャンバス上に出現させることができるのです。

Processingでは、2Dと3Dの描画モードを区別します。以前、要素の配置やキャンバスの操作について説明したときに、この2つのモードについて触れました。2Dの描画モードは、おおむねコラージュと同じです。コード内の最初の要素が最初に描画され、それに続くすべての要素がその上に描画されます。つまり、2Dスケッチの表面にレイヤーを描画する場合、レイヤーは `draw()` 関数内のコードの順番通りに描画されるということです。

Processingの3Dモードで描画する場合は、コード内の順序は重要ではありません。その代わり、描画されたすべての要素は、x、y、z座標の3D空間に自動的に配置されるようになります。要素がどのようにレンダリングされるかは、3Dカメラを通して見る視点によって変わります。コンピュータは、カメラの視点からどの要素が見えるかを計算し、その要素だけをレンダリングします。つまり、P3Dレンダラーの3D空間では、x、y、z軸、特にz方向の奥行きが重要で、コードの順番はあまり気にしなくてかまいません。もう一度確認しますが、P3Dレンダラーを使うにはどうすればよかったでしょうか。size(600, 600, P3D)のように、size()関数にレンダラーを指定しましょう。次のコード例を見てください。

レイヤーの概念とその構成がいかに豊かであるかをより理解するために、再びパーティクルを見てみましょう。次の作例（図3-3）では、前のセクションのコードを再利用し、draw()関数を書き換えています。前回と同様に、パーティクルクラウドを一度だけ描画し、それを画像にコピーしています。この画像をテクスチャとしてループで描画することで、わずかに縮小されたコピーが長い「尾」を引いて、ゆっくりと揺れ動くことになります。

3Dでレイヤーを組み合わせる（Ex_2_composinglayers_1）

```
void setup() {
  // 3Dレンダラーを使う
  size(600, 400, P3D);
  // ……
}

void draw() {
  // 濃い青の背景
  background(35, 27, 107);
  noStroke();
  // 1列目
  drawParticleCloud(100, 100);
  // クラウドを画像としてコピーする
  PImage cloud = get(0, 0, 200, 200);
  // 再び背景を消す
  background(25, 17, 87);
  // キャンバスの中心に移動する
  translate(width/2, height/2, 100 - frameCount/100.);
  // ゆっくりと回転させることで、全体を見せている
  rotateX(frameCount/300.);
  // ループで100個のテクスチャつきの正方形を描く
  for (int i = 0; i < 100; i++) {
    // 徐々にサイズを小さくする
    scale(0.95, 0.95, 0.95);
```

```
    // x軸上で回転させる
    rotateY(radians(sin(frameCount/300.)) * 8);
    // 正方形を描く
    beginShape();
    // cloudをテクスチャとして設定する
    texture(cloud);
    // ほとんど見えない線
    stroke(255, 20);
    vertex(-100, -100, i * -100, 0, 0);
    vertex(100, -100, i * -100, 200, 0);
    vertex(100, 100, i * -100, 200, 200);
    vertex(-100, 100, i * -100, 0, 200);
    endShape(CLOSE);
  }
}
```

図 3-3　尾を引いているように見える 3D のレイヤーの構成

この「尾」が現れるのは、すべてのコピーをｚ軸上の後方に少しずらし（for ループ内の vertex の第３引数 i * -100 に注目）、コピーを描くたびに縮小しているからです。その結果、「尾」はどんどん細くなっていきます。コピーを描く前に、Ｙ軸を少し回転しています（rotateY(radians(sin(frameCount/300.)) * 8) に注目）。この回転角度は、frameCount の sin 関数に従っています。この例では、パーティクルクラウドの画像のような要素を空間に単純に重ねることで、「尾」のようなビジュアル要素を作り出せることを示しています。

これまでパーティクルクラウドを使って遊んできましたが、その内部をしっかり見たことはありませんでした。パーティクルクラウド自体もレイヤーで構成されています。次の作例では、3D空間に１つのパーティクルクラウドを描画しています（ここでもsize()関数でP3Dレンダラーを指定します)。このコードを使うには、先ほどのコードのdraw()とshow()関数を書き換えるだけです。

3D空間に１つのパーティクルクラウドを描画する（Ex_2_composinglayers_2）

```
void draw() {
  // 濃い青の背景、線なし
  background(35, 27, 107);
  noStroke();
  // キャンバスを指定位置に移動する
  translate(width/2, height/2, -400);
  rotateY(radians(frameCount/1));
  // パーティクルクラウドをひとつずつ描く
  for (Particle p : particles) {
    // 位置を更新しパーティクルを描く
    p.move(250);
    p.show();
  }
}
// Particle クラス内の以下を書き換える
public void show() {
  // 個々の色を設定する
  fill(238, 120, 138, this.size * 100);
  // キャンバス設定を保存する
  pushMatrix();
  // 平行移動する
  translate(0, 0, this.size * 200);
  // パーティクルの図形を描く
  ellipse(this.x, this.y, this.size, this.size);
  // 半透明のパーティクルの「ハロー（かさ)」を描く
  fill(238, 120, 138, this.size * 20);
  ellipse(this.x, this.y, this.size * 20, this.size * 20);
  // キャンバス設定を復元する
  popMatrix();
}
```

これまでの作例では、パーティクルクラウドを正面から見ていました。この作例では、クラウドを回転させ、奥から手前にかけて色の違うパーティクルを重ねたケーキのような表現を作り出すことができました。どうやっているのでしょうか。パーティクルはそれぞれのレイヤーで動き、レイヤーをz軸方向に少し引き離しています(translate (0, 0, this.size * 200))。つまり、パーティクルのサイズによって、z方向にどれだけ動かすかをコントロールしているのです。さらに、パーティクルの周りに小さな半透明の円盤（ハロー

[かさ]）を描くことで、パーティクルのドットだけを描くよりもレイヤーの向きがよくわかるようにしています。また、定数値 250 で move() を呼び出すことで、マウスの位置が移動に影響を与えないようにしています。次のセクションでは、マウスを復活させ、異なるレイヤーの可視性をコントロールします。

3.2.3 レイヤーのコントロール

前の 2 つのセクションでは、レイヤーを作って組み合わせました。つまり、たくさんのパーティクルをクラウドとして整理し、そのクラウドを操作したのです。クラウドを画像としてレンダリングし、描画する方法も見てきました。また、パーティクルクラウドは、内部で複数のレイヤーから構成されていると見ることもできます。ただ、さまざまなレイヤーをコントロールする方法については、まだ十分に探求していません。

次の作例（**図 3-4**）では、前の作例をインタラクティブにしたものです。マウスの位置によって、すべてのレイヤーの可視性（表示するかしないか）をコントロールしています。そのために、draw() 関数の中を 1 か所だけ変更し、p.show() を if 文で囲んでいます。この条件式は、個々のパーティクルのレイヤーの深さ（p.size）をウィンドウに合わせて拡大縮小し、それがマウスの水平位置（mouseX）よりも小さいかどうかを判断しています。この条件に合致していたら、if 文内のコードが実行されます。つまり、マウスを動かすことで、何枚分のレイヤーのパーティクルを表示するかを調整することができるのです。試してみましょう。

図 3-4　マウスの位置でそれぞれのレイヤーの可視性をコントロールする

マウスの位置でレイヤーの可視性をコントロールする（Ex_3_controllinglayers_1）

```
void draw() {
  // 濃い青の背景、線なし
  background(35, 27, 107);
  noStroke();
  // キャンバスを指定位置に移動する
  translate(width/2, height/2, -400);
  rotateY(radians(frameCount/1.));
  // パーティクルクラウドを描く
  for (Particle p : particles) {
    // 位置を更新しパーティクルを描く
    p.move(250);
    // パーティクルを表示するかどうかのチェック
    // size 属性を拡大縮小したパーティクルのレイヤーが
    // マウスの水平位置よりも小さければ表示する
    if (map(p.size, 0.5, 2, 0, width) < mouseX) {
      p.show();
    }
  }
}
```

マウスを動かして、パーティクルクラウド内のレイヤー数を増やしたり減らしたりできるようになりました。各レイヤーの可視性を、パーティクルのレベルで効果的にコントロールしています。つまり、各パーティクルを描画する前に、現在のマウスの水平位置からそのレイヤーを表示すべきかどうかをチェックしているのです。このチェックは、具体的にはどのように行われているのでしょうか。ここでは map() 関数を使っています。この関数は、元の値、入力範囲の開始値と終了値、出力範囲の開始値と終了値の５つの引数をとります（**図 3-5**）。map() 関数は、入力範囲内の値を出力範囲の値にマッピングします。たとえば、入力範囲（0 ～ 5）内の４は、出力範囲（0 ～ 10）内の８にマッピングされす。この作例では、範囲（0.5 ～ 2）内のパーティクルの size をキャンバス全体の幅（0 ～ width）にマッピングし、このマッピングされた値がマウスの水平位置よりも小さいかどうかをチェックしています。

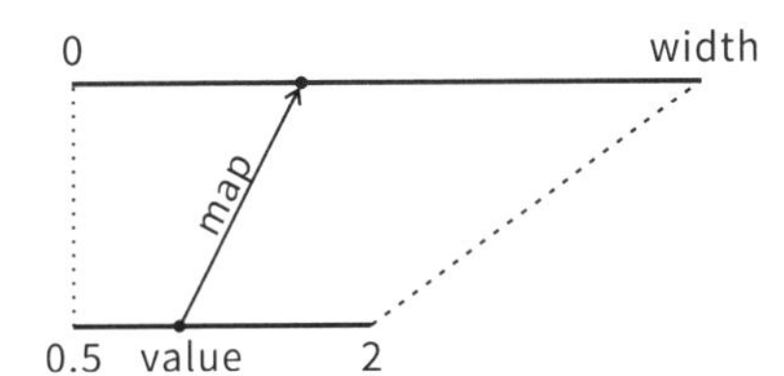

図 3-5　入力範囲と出力範囲のマッピング。下部の線のように入力範囲（0.5 ～ 2）を設定すると、この範囲内の任意の値を、出力範囲（0 ～ width）の対応する値にマッピングします

たった１行のコードを追加するだけで、マウスコントロールを復活させ、スケッチをインタラクティブな 3D 体験に変えることができました。より重要なのは、レイヤーをインタラクティブにコントロールできる方法を示したことです。ここでは、マウスポインタを追跡し、その水平位置とマッピングされたパーティクルの深度（p.size）を比較し、パーティクルを表示するかどうかを決めました。

この章の最後は、個々のパーティクルとそのレイヤーからズームアウトして、再びクラウド全体を見渡します。最後の作例では、異なるレイヤー上のパーティクル間の視覚的な関係を作る方法を紹介します。レイヤーはインタラクティブにしたままにしておきます。

この作例でもdraw()関数を書き換えていて、次の点を変更しています。まず、パーティクルを通過するためのforループの種類を変更しています。これまでの作例では、配列の要素を直接反復するforループを使っていました。この作例では、カウンタiを使って反復しています。こうすることで、現在のパーティクルpの位置を指定でき、配列中の別のパーティクルqとペアにすることができます。パーティクルqは、パーティクルpのインデックスを配列の最後のインデックスから引くことで選択されます。つまり、パーティクルpが最初の要素であれば、qは最後の要素になります。パーティクルpが2番目の要素なら、qは最後から2番目の要素、といった具合です。

レイヤー上のパーティクル間の視覚的な関係を作る（Ex_3_controllinglayers_2）

```
void draw() {
  // 濃い青の背景、線なし
  background(35, 27, 107);
  noStroke();
  // キャンバスを指定位置に移動する
  translate(width/2, height/2, -400);
  rotateY(radians(frameCount/1.));
  // パーティクルクラウドを描く
  for (int i = 0; i < particles.length; i++) {
    Particle p = particles[i];
    // パーティクルのz属性がマウスの水平位置で指定した閾値より大きいかチェックする
    if (mouseX <= map(p.size, 0.6, 2, 0, width)) {
      // 位置を更新し、半径を広げてパーティクルを描く
      p.move(250);
      // 線なしで描く
      noStroke();
      p.show();
      // ペアとなるパーティクルqを取得する
      Particle q = particles[particles.length -1-i];
```

```
      // pとqの間に半透明の白い線を引く
      stroke(255, 30);
      line(p.x, p.y, p.size * 200, q.x, q.y, q.size * ■
200);
    } else {
      // レンダリングされないパーティクルの半径はゼロにする
      p.move(0);
    }
  }
}
```

ペアになっているパーティクルの少なくとも片方のパーティクルが表示されていたら、半透明の白い線でつないでいます。また、すべての非表示パーティクル（マウスでフィルタする閾値以下）の移動半径を０に設定し、パーティクルクラウドの中心に徐々に移動するようにしました。このパーティクルは見えないので、白い線が鋭く収束しているように見えます。より多くの、あるいはすべてのレイヤーを表示した瞬間に、収束したレイヤー上のパーティクルが広がり始め、エキゾチックな花のようにクラウドが開いていきます。しばらく遊んでみる価値はあります。

3.3 まとめ

この章では、個々のビジュアル要素を描くことから、たくさんのビジュアル要素を描くことへと進みました。コンピュータの力を借りることで、似たような操作を高速に実行し、構造化されたデータを効率的に扱うことができました。ここで得られた重要な教訓は次の通りです。コンピュータが理解し、高速に実行できるような方法で、創造的な入力を構造化することができれば、その力を活かして、手作業では何年もかかるようなものを描けるようになります。

制作中は、直感的にレイヤーをずらしたり、混ぜ合わせたり、変形させたり、グループ化したりします。要素ごと、レイヤーごとにコーディングすることで、複雑なビジュアルデザインを作り出せるようになりました。それぞれのレイヤーの中で、さまざまな動的なビジュアルを探求しました。レイヤーを構成し、全体の構成でどのようにアイデアを表現できるかを確認します。ビジュアルレイヤー間の動的なつながりと、これらのレイヤーに対する知覚を深く考察するために、コーディング、実行、熟考、そしてさらにコーディングと繰り返す必要があります。

次のステップへ向かう準備が整いました。たくさんのものを動かし、計算されたパラメータを使って、巧妙にコントロールされた方法で動作させせることができるようになりました。順調に進んでいますが、しばらくすると、パーティクルの動きを理解でき、予測できるようになるという意味では、やや「単調」な感じがするでしょう。もし、ランダムやノイズを使えたら、マシンの動作にバリエーションが生まれ、機械的な感じから抜け出せるのではないでしょうか。また、その場でリアルタイムに作品に影響を与えるにはどうしたらよいでしょう。自分専用の絵筆、色、キャンバスを作り、自分がどう動いてほしいか知っているマシンの助けを借りることで、直感的に制作することはできるのでしょうか？　さらに、作品にインタラクションを導入するにはどうしたらよいのでしょうか？　次のステップに進めば、できるようになります。

第4章 | 洗練と深化

この章では、ビジュアル要素を整えて、コード構造とともに視覚的な構造を実装していきます。ビジュアル要素は、アイデアがまだ構築されていないときに最もよく進化し、コードで制作することから新たなインスピレーションを得ます。また、データ構造をより深く掘り下げ、Processingの新たな能力を引き出していきます。そのために、ここでは作品を洗練させる4つの方法を紹介します。「ランダムとノイズ」「MemoryDot」「計算値の利用」「インタラクション」です。こうした改良をほどこすことで、ひとつ前のステップのシンプルなビジュアル要素から、よりアイデアにマッチした解決策へと大きく歩みを進めることができます。まずはランダムな表現から始めてみましょう。そうすれば、コンピュータにもっといろいろなことをさせる方法がすぐにわかります。

4.1 ランダムとノイズ

本書では、これまでもランダムを見てきました。コードで`random()`関数を使うたびに、ランダムな性質を使っています。「ランダム」とは、ある数が、それまでの数の並びからは予測できない場合のことをいいます。たとえば、1から5までのランダムな数（乱数）を生成する場合、1、2、3、4、5の各数値は同じ確率で生成されます。乱数の生成を何度も繰り返し、1、2、3、4、5が何回生成されたかを数えると、その回数はほぼ同じになるはずです。これは「一様分布」と呼ばれるもので、どの数も他の数より選ばれる確率が高くなることはありません。

コードで`random(m, n)`を呼び出すと、Processingは一様分布に従い、`m`と`n`の間の乱数（`float`型）を生成します。つまり、その間にあるすべての数が同じ確率で選ばれることになります。コンピュータの仕組みを知っている方なら、そんなことが実際にできるのかと驚くことでしょう。コンピュータは、指示されたことを忠実に実行することで知られているのですから。たしかに、コンピュータが乱数のようなものを発明することはありません。実際のところ、コンピュータはある複雑なアルゴリズムに従って「乱数」を生成しています。本当にランダムではありませんが、ここでの目的においては十分にランダムです。

Tips `random(0, n)` のショートカット（短縮記法）として、`random(n)` と書くこともできます。

4.1.1 ランダムの利用

なぜ本書でランダムを使うのでしょうか。それは、予測不可能なデータをきわめて素早く簡単に得られるからです。たくさんの数を繰り出す作業をコンピュータにまかせることで、自分の好きな数ばかり選んでしまうという偏りを避けることができます。ランダムを利用することで、レンダリングに深みを与えることができます。ビジュアル要素に細かい変化をたくさん加えることで、作品全体が数学的になりすぎるのを防げるからです。また、ランダムを使うと、自分自身の創作の刺激にもなり、これまで作ったビジュアル要素に驚くような新たな表情が加わります。最終的に、ランダムを使うと多かれ少なかれ、予測不可能なまさに「ランダム」な選択をすることにもなるのです。

まず、1つ目から説明します。Processingが生成するランダムな値は`float`型で、`3.14`、`5.0005`、`-100.9`のような浮動小数点数です。これらを整数に変換する必要があるかもしれません。Processingの`int()`関数を使うこともできますが、この関数はよく誤解されます（小数点を四捨五入するのか、切り捨てるのか、切り上げるのか、わかりますか？）。そこで、次のように`round()`を使うことをお勧めします〔roundは四捨五入を意味する単語のため、誤解のおそれがありません〕。

ランダムな数（乱数）の生成

```
// ランダムな浮動小数点の生成
float value = random(10, 100);
// 整数に変換
int position = round(value);

// 次のように1行で書くこともできる
int position = round(random(10, 100));
```

前に書いたように、Processingで`random()`関数を使うと、呼び出されるたびに異なる数が生成されます。この裏側には乱数生成器というものがあります。スイッチを押すたびに乱数を生成する小さな機械があると想像してください。Processingがスケッチのためにこの「機械」を作成するとき、乱数生成器はProcessingが実行されるたびに異なる乱数を生成するように初期化されます。同じ順序で生成される乱数がほしい場合には、スケッチを何度実行しても同じ順序が再現されるようにします。このような目的のために、乱数生成器を常に同じ値で初期化することができます。

ループでたくさんの乱数を生成する（Ex_1_randomness_1）

```
randomSeed(0);
noStroke();
for(int i = 0; i < 50; i += 5) {
  fill(random(0, 255));
  rect(i, 10, 4, 4);
}
```

このコードでは、randomSeed() 関数で乱数生成器を初期化しています。このプログラムを複数回実行すると、random() 関数を使っているのに、いつも同じグレースケールのパターンが表示されます。なぜ、同じパターンを求めているのでしょうか。たとえば、異なるランダムシードを使って生成したさまざまな作品を、ランダムシードと併せて保存しておくことができます。こうしておけば、最適な作品を選んだときに、同じランダムシードを使ってその作品を再現できるようになるのです。

考えてみよう　randomSeed() の値を変えてみたり、random() を for ループの外に出してみたりして、何が起こるか試してみてください。

ランダムの種類に話を戻します。Processing の random() 関数を使うと、一様分布のランダムな値が生成されます。一方、randomGaussian() 関数では異なる分布のランダムな値を生成します。random() ではすべての値が同じ確率で選ばれたのに対し、randomGaussian() ではベルカーブやガウス分布に従うようになります。「ガウス分布」とは何でしょうか。早速、Processing と randomGaussian() を使って、半透明のドットを描いてみましょう。

乱数の生成（ガウス分布）（Ex_1_randomness_2）

```
noStroke();
fill(80, 40);
// ランダムな位置にドットをたくさん描く
for(int i = 0; i < 20000; i++) {
  // 50 ピクセル右に移動し、10 倍拡大する
  float position = 50 + randomGaussian() * 10;
  rect(position, i % 100, 1, 1);
}
```

考えてみよう **randomGaussian() の代わりに random(-5, 5) を使ってみて、それぞれのランダムの違いを見てみましょう。また、float position = 50 + randomGaussian() * 10 の、50 と 10 の値を変えてみると、どうなるか試してみてください。**

キャンバスの中心部にドットが密集していて、中心線の両側に向かって少なくなっているのがわかります。これで、randomGaussian() が一様でない分布を生成していることがわかったと思います。中心線付近の値は、他の値よりも生成される確率がかなり高くなります。randomGaussian() はパラメータをとらず、平均値 0 の値を生成します。「平均値」は次のように計算します。randomGaussian() が生成する値をすべて足し、その合計を値の個数で割ります。その結果が平均値で、0 になります。実際のところ、この平均値は何を意味しているのでしょう。randomGaussian() が返す値は、0 付近に密集しています。値が 0 から離れるほど、その数は少なくなります。これを実際に使うときには、0 から離れたところに値を分散させるために、randomGaussian() 関数の出力に map() 関数を使う必要があるかもしれません。次のコードでは、最初のコードを変更して、map() 関数を使っています。

randomGaussian() 関数の結果に map() 関数を使う (Ex_1_randomness_3)

```
noStroke();
fill(80, 40);
// ランダムな位置にドットをたくさん描く
for(int i = 0; i < 20000; i++) {
  // [-5, 5] の範囲から [0, width] の範囲にマッピングする
  float position = map(randomGaussian(), -5, 5, 0, ⋯
width);
  rect(position, i % 100, 1, 1);
}
```

まとめると、これまで 2 種類のランダムを見てきましたが、それぞれに使い道があります。random() は、限られた空間内をランダムに埋めつくしたり、同じ確率で生成される値を使って描画するのに適しています。random() は、スケッチの中のいくつかの値を書き換えて、ビジュアル要素の新たな描画方法を試すのにも適しています。randomGaussian() 関数は、事前に設定した値の周囲に小刻みなバリエーションを作成するのに適しています。最初のインタラクティブな作例として、キャンバスにランダムな絵筆で描画してみましょう。

キャンバスにランダムな絵筆で描く（Ex_1_randomness_4）

```
void setup() {
  size(400, 400);
  background(255);
}

void draw() {
  // マウス位置の周辺に描くために移動する
  translate(mouseX, mouseY);
  // 色をランダムに変える
  stroke(random(0, 200), 10, 50);
  // ランダムな X 座標から別のランダムな X 座標に垂直線を描く
  line(randomGaussian(), -10, randomGaussian(), 10);
}
```

考えてみよう **このコードで、線を描く部分の randomGaussian() を random(-10, 10) に書き換えて、その違いを確認してみましょう。**

この作例では、最初にまっさらなキャンバスが表示され、マウスの位置に沿ってランダムな絵筆で絵を描くことができます。このコードでは、色の選択には random() を、線の端点の位置には randomGaussian() という 2 種類の異なるランダムを使用しています。色の選択は random() で色とりどりにし、線の描画は randomGaussian() で生成した 2 つの近いランダム値によって似た角度に収まるようにしています。田舎にあるカラフルで風変わりなフェンスのように見えますね。

4.1.2 ランダムのコントロール

前のセクションでは、位置や動き、色に変化をつけるために、さまざまなかたちでランダムを利用してきました。これらのケースでは、フィルタやマッピングをあまり行わずに、ランダムをそのまま使いました。このセクションでは、ランダム関数の出力をコントロールすることで、ただでたらめな作品に見えないように、ランダムを創造的に活用する方法を説明します。まず、マウスでカラフルなしずくを描く新しい絵筆から始めましょう。

マウスでカラフルなしずくを描く絵筆（Ex_2_controlrandom_1）

```
void setup() {
  size(400, 400);
   background(0);
   noStroke();
  // カラーモードを RGB から HSB に変更する
  colorMode(HSB);
}

void draw() {
  // 描画済みのキャンバスをぼかす
  filter(BLUR, 1);
  // マウスが押されていたら、しずくを描く
  if (mousePressed) {
    // 描く場所をマウス位置に移動する
    translate(mouseX, mouseY);
    // 1 フレームで 5 つのしずくを描く
    for(int i = 0; i < 5; i++) {
      // ランダムな色相の HSB カラーを設定する
      fill(random(0, 255), 255, 255);
      // マウス位置の周りのランダムな位置を生成する
      PVector pos = new PVector(random(-20, 20), ⋯
random(-20, 20));
      // マウス位置からの距離によってしずくのサイズを計算する
      // （すでに平行移動しているので、マウス位置は (0, 0) となる）
      float size = 20 - dist(0, 0, pos.x, pos.y);
      // しずくを描く
      ellipse(pos.x, pos.y, size, size);
    }
  }
}
```

Tips `setup()` やコードのどこかで `colorMode()` を HSB と定義すると、`fill()` の値は色相（Hue）・彩度（Saturation）・明度（Brightness）に対応します。カラーモードはいつでも切り替えられるので、色を調整したいときに便利です。

このコードでは、まずキャンバスのサイズと属性を、これまで何度も見てきたように設定していますが、その後 `colorMode()` を RGB から HSB に切り替えています。つまり、この後のコードで色の値を指定するとき、`fill()`、`stroke()` などがとる 3 つの値の意味が変わります。HSB カラーモードでは、3 つの値は赤、緑、青の色チャンネルではなく、色相、彩度、明度を指定しています。ただし値の範囲は 0 ～ 255 のままです。これで、さまざまな色を作ることができます。たとえば黄色い色相を指定し、彩度や明度を調整

することで、さまざまな色合いの黄色を簡単に作れます。繰り返しますが、HSB モデルで fill() や stroke() を使う場合、fill(色相 , 彩度 , 明度) や stroke(色相 , 彩度 , 明度) のように使います。虹色の色相環を思い浮かべてください。色相は、ゲーテの色彩論にあるような色相環上の一点を選択するものです。

彩度は色の鮮やかさを、明度は色の明るさを指定します。この作例では、ランダムに選択した色相と、最大の彩度と明度の色を使うことで、黒い背景の上に鮮やかな色のしずくを作り出しています。

各フレームで、マウスが押されていたら、ランダムな色相、位置、サイズを持つ 5 つのしずくを描きます。位置は、マウスポインタ付近のランダムな点にしています。サイズはマウスポインタからの距離によって変わります。マウスポインタからの距離が遠いほど、小さく描画します。単純に 20 から距離を引くことで、これを実現しています。Processing の map() 関数を使えば、別のマッピングをすることもできるでしょう。

ランダムのコントロールに戻ります。ランダムな色の選択を制限し、マウスポインタに対するしずくの向きと関連づけたい場合はどうしたらよいでしょうか。draw() 関数を次のように書き換えてみましょう（**図 4-1**）。

色の範囲をマウスの移動方向と関連づける（Ex_2_controlrandom_2）

```
void draw() {
  // 描画済みのキャンバスをぼかす
  filter(BLUR, 1);
  // マウスが押されていたら、しずくを描く
  if (mousePressed) {
    // 中心点とマウス位置の 2 点を作成する
    PVector center = new PVector(width/2, height/2);
    PVector mouse = new PVector(mouseX, mouseY);
    // 中心点からマウス位置までの角度をラジアン単位で計算する
    float angle = PVector.sub(mouse, center).heading();
    // ラジアンを、[-180, 180] の範囲の度数に変換する
    angle = degrees(angle);
    // 度数から、[0, 255] の範囲の色相値に変換する
    float hue = map(angle, -180, 180, 0, 255);
    // 描く場所をマウス位置に移動する
    translate(mouseX, mouseY);
    // 1 フレームに 5 つのしずくを描く
    for(int i = 0; i < 5; i++) {
```

```
      // ランダムな色相のHSBカラーを設定する
      fill(random(hue - 20, hue + 20) % 255, 255, 255);
      // マウス位置の周りのランダムな位置を生成する
      PVector pos = new PVector(random(-20, 20), ⋯
random(-20, 20));
      // マウス位置からの距離によってしずくのサイズを計算する
      float size = 20 - dist(0, 0, pos.x, pos.y);
      // しずくを描く
      ellipse(pos.x, pos.y, size, size);
    }
  }
}
```

このコードの結果は、前のスケッチの変化形で、キャンバスの中心点を中心とした色相環に沿って、色をコントロールできるようにしています。これを実現するには、まずキャンバスの中心点に対するマウスの位置の方向を計算する必要があります。つまり、キャンバスの中心点を中心に円を描くようにマウスを動かすと、360度（正確には-180度から180度まで）一周することができます。この度数を0～255の色相の値にマッピングすることで、forループでひとつひとつのしずくを少しずつ違う色で描くために使うことができます。random()関数を使い、色相をhue±20の範囲に制限して、余剰演算子%で255より大きな値を回り込ませています〔255超の値は255を引いた値になり、範囲内に収めています〕。この方法はHSBカラーモデルでのみ有効です。なぜなら、色相は色相環のようにぐるっと一周回っているので、スペクトルの両端には隙間がなくつながっているからです。つまり、255と0は隣り合っている色相になります。

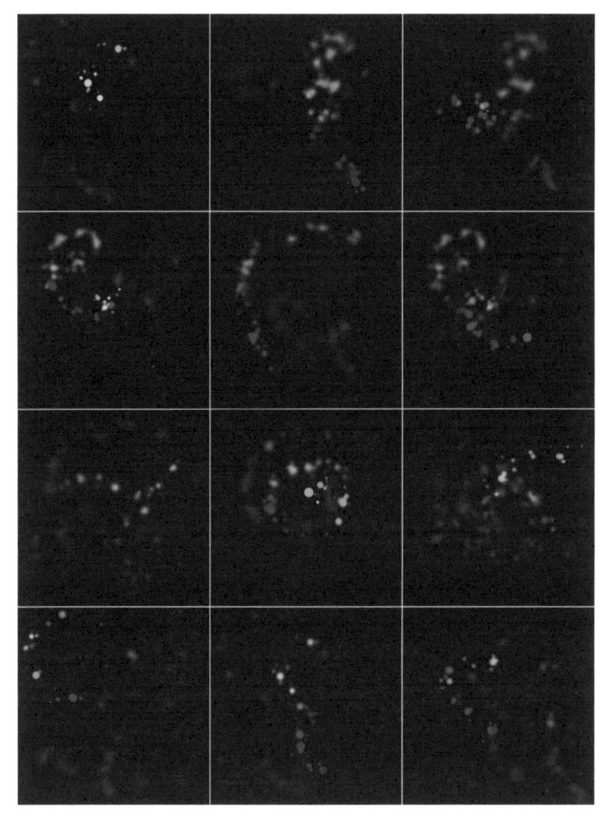

図 4-1　ランダムに描かれるしずくのカラーパレットをマウスの動きに連動させる

ランダムを利用したり、シンプルにスケッチ内の点と点の距離を利用したりすることで、作例の絵筆をさらに調整することができます。たとえば、色の彩度を中心点からマウスまでの距離に連動させたいとしたら、どうなるでしょうか。

色の彩度を中心点からマウスの位置までの距離に連動させる

```
// 前回：ランダムな色相の HSB カラーを指定する
fill(random(hue - 20, hue + 20) % 255, 255, 255);

// 今回：ランダムな色相と、0 ～ 255 の範囲に制約された距離に応じた彩度の HSB カラー
を指定する
float saturation = constrain(255 - center.dist(mouse), ⋯
0, 255);
fill(random(hue - 20, hue + 20) % 255, saturation, 255);
```

考えてみよう　ここでは map() 関数があまり役に立ちません。どうしてでしょうか。

この作例では、中心点からマウスの位置までの距離を255から引いているので、マウスが中心点の近くにあると最も高い彩度の値になります。また、新しいProcessingの関数`constrain()`があります。

`constrain()`関数は、出力を特定の範囲内に制限することができます。この作例では、マウスが中心から255ピクセル以上離れたときに、`saturation`が0より小さくなってしまうことのないように使用しています。つまり、`constrain()`を使って`saturation`を0～255という適切な範囲内に制限しているのです。キャンバスの中心付近でマウスを押してドラッグすると、中央部で最も鮮やかな色が生まれ、キャンバスの端に向かうにつれて色が徐々に白くなっていくのがわかります。

Tips **距離を彩度の代わりに明度と連動させ、彩度には別のマッピング、たとえばマウススピードを使ってみてください。ヒント：直前のマウスの位置は`pmouseX`と`pmouseY`を使用します。**

4.1.3 ランダムな選択

ランダムを応用するセクションの仕上げとして、ランダムを使った選択や、ランダムに選択された割合で何かを実行させることをやってみます。これは、どういうことでしょうか。たとえば、調和のとれた20色のカラーパレットを入念にデザインしたとします。前の作例のようにランダムな絵筆で絵を描くときに、完全にランダムな色ではなく、このカラーパレットを使って配色したくなるでしょう。つまり、ランダムな色は使いたいけれど、自分がデザインしたカラーパレットに限定して使いたいのです。このアイデアを簡単な作例で試してみましょう。

カラーパレット内のランダムな色を使う（Ex_3_randomchoice_1）

```
void draw() {
  // カラーパレットをcolor型の配列として定義する
  // ここではHSBモードの色であることに注意
  color[] palette = {
    color(160, 255, 255),
    color(220, 200, 200),
    color(120, 200, 200),
    color(120, 0, 220),
    color(220)
  };
```

```
  // 描画済みのキャンバスをぼかす
  filter(BLUR, 1);
  // マウスが押されていたら、しずくを描く
  if (mousePressed) {
    // 描く場所をマウスの位置に移動する
    translate(mouseX, mouseY);
    // 1フレームで5つのしずくを描く
    for(int i = 0; i < 5; i++) {
      // palette配列からランダムに色を選択する
      int paletteChoice = int(random(0, palette.length));
      fill(palette[paletteChoice]);
      // マウスの位置付近のランダムな位置を生成する
      PVector pos = new PVector(random(-20, 20), ⋯
random(-20, 20));
      // マウスの位置からの距離によってしずくのサイズを計算する
      float size = 20 - pos.dist(new PVector());
      // しずくを描く
      ellipse(pos.x, pos.y, size, size);
    }
  }
}
```

この作例では、はじめにカラーパレットを色の配列として定義しています。この配列では、Processingの`color`データ型を使っています。描画時には、このパレットからランダムに色を選択することになります。つまり、`palette`配列から1つの要素を選び取る必要があります。0から`palette.length - 1`までのランダムな整数値を生成し、その値を使ってパレット配列からランダムな色を取得しています。

`random()`を使用して指定の範囲の数を生成する方法はすでにわかっています。この数を整数に変換し、配列の各要素に対応させる必要があります。なぜなら配列の位置は整数だからです。配列の要素に9.75はありませんよね？　コードでは、この手順を2行のコードで実行し、その後は前と同じようにしずくを描いています。

考えてみよう　なぜこのような数（0から`palette.length - 1`まで）を使うのでしょうか。配列のインデックスは、ゼロからスタートしているからです。配列の最初の要素は0、2番目の要素は1、といった具合です。つまり、配列の最後の要素は`length-1`になります。

ランダムを利用すると、たとえば、赤または青の正方形、正方形または円のどちらかを描くかといった選択をすることもできます。このような選択の簡単な作例として、次のようなコードを考えてみましょう。

ランダムを利用した選択

```
if(random(0, 100) < 70) {
  // 70% の確率でこれを実行する
} else {
  // 残り 30% の確率でこれを実行する
}
```

このコードでは、random() 関数を使い、0 から 100 の間の乱数を生成しています。この数が 70 より小さければ、最初のコードブロックを実行します。この数が 70 以上なら、もう一方の else のコードブロックを実行します。random() はすべての数を同じ確率で生成するため、最初のブロックは全体の 70%、2 番目のブロックは 30%の確率で実行されることになります（70%と 30%で合わせて 100%）。

次の作例では、70 をマウスポインタで変動するインタラクティブな値に変えています。この作例では、100 個の図形を赤または青で表示しています。すべての図形について、マウスの位置の水平位置によって塗りの色を赤または青のどちらかを選択し、垂直位置によって図形を正方形または円のどちらかを選択しています。

マウスポインタによるインタラクティブな値の使用（Ex_3_randomchoice_2）

```
PVector[] positions = new PVector[100];
void setup() {
  size(400, 400);
  noStroke();
  rectMode(CENTER);
  // 100 個のランダムな位置で初期化する
  for (int i = 0; i < 100; i++) {
    positions[i] = new PVector(random(width), ⋯
random(height));
  }
}

// すべての描画を mouseMoved() で行うため、draw() を空にする
// （draw() は空にしても書く必要があり、全部消すとプログラムが停止する）

void draw() { }
```

```
// マウスが動いたら描画する
void mouseMoved() {
  background(0);
  // すべての位置をループする
  for (PVector position : positions) {
    // ランダムな値がマウスの水平位置より小さい場合、塗りの色を赤にする
    if (random(0, width) < mouseX) {
      fill(255, 0, 0);
    } else {
      fill(0, 0, 255);
    }
    // ランダムな値がマウスの垂直位置より小さい場合、正方形を描画する
    if (random(0, height) < mouseY) {
      rect(position.x, position.y, 10, 10);
    } else {
      ellipse(position.x, position.y, 10, 10);
    }
  }
}
```

マウスをキャンバス上で動かして時々止めると、赤と青、正方形と円の分布や割合が変化することがわかります。最も極端な分布は、マウスポインタをキャンバスの隅に移動させたときに観察することができます。たとえば、左上の隅では100%近く青い円が表示され、反対側の隅ではほぼ100%赤い正方形が表示されます。

考えてみよう **ランダムの特質をどのように使うことができるか考えてみましょう。色を選んだり、ビジュアル要素の形を変えたり、一度に表示する要素を決めたりすることができるでしょう。ランダムを使って他にどんなことができるのか、この先を読みながら考えていきましょう。**

4.1.4 ノイズの利用

`random()` 関数や `randomGaussian()` 関数を使った乱数は、飛び飛びになってしまいがちです。もし、指定した範囲内で乱高下するのではなく、値の間をなめらかに移動するような乱数が欲しい場合はどうすればよいでしょうか。`noise()` を使えば、なめらかな曲線に沿った乱数値を生成することができます。Processing の `random()` 関数と `noise()` 関数の簡単な比較を見てみましょう。

noise() 関数の使用（Ex_4_noise_1）

```
void setup() {
  size(400, 200);
  background(255);
  noStroke();
}

void draw() {
  // 1つ目はrandom()が生成した位置
  fill(255, 0, 255, 100);
  rect(frameCount, random(0, height), 5, 5);
  // 2つ目はnoise()が生成した位置
  fill(255, 0, 0, 100);
  ellipse(frameCount, map(noise(frameCount/100.), 0, 1, ■
0, height), 5, 5);
}
```

このようなノイズは「パーリンノイズ」と呼ばれ、random() が生成する値で作業するよりもなめらかな遷移を作成することができます。noise() を使うには、ランダムとは異なるパラメータを送る必要があります。noise() 関数は 0 から 1 までの値を生成し、同じ入力値を使うと同じノイズ出力値が生成されます。一連の値を得るには、次の作例のように、ノイズの中をゆっくり移動する必要があります。

覚えておこう **「パーリンノイズ」について、ネットで調べてみてください。その裏にはストーリーがあり、面白い CG の素材が見つかるでしょう。**

次ページの作例（図 4-2）では、キャンバス幅を 10 ピクセルごとに刻んだ 40 個の正方形を、noise() 関数に基づいて色と大きさを変えながら描画しています。BLUR フィルタを使うと、霧や炎のような視覚効果を得ることができます。正方形は水平方向に 10 ピクセル間隔で配置され、フレームごとに 1 ピクセルずつ下に移動します（frameCount を使用）。余剰演算子（%）を使って、正方形がキャンバスの下に出たら、上から再開するようにしています。塗りの色は 0 から 255 までのグレースケールを使っています。色を指定する noise() 関数は、i と frameCount の両方を参照していることに注意してください。こうすることで、ノイズの値が 40 個の正方形（水平方向）においても、時間の経過（垂直方向）においても、確実に変化するようになります。ノイズの中を移動するのに、ここでは frameCount/100. のような非常に細かいステップ幅を使用しています。ステップ幅を変えて、変化のスピードを速めることもできます。

なめらかな遷移のためにnoise()関数を使う（Ex_4_noise_2）

```
void setup() {
  size(400, 400);
  noStroke();
  background(0);
}

void draw() {
  // ブラーエフェクトを追加する
  filter(BLUR, 1);
  // キャンバスの幅いっぱいに10ピクセル刻みで正方形を描く
  for(int i = 0; i < width; i += 10) {
    // 色の最大値255にあわせるため、
    // noise()の出力範囲（0～1）に 255 をかける
    fill(noise(i/10. + frameCount/100.) * 255);
    // 正方形の最大サイズを15ピクセルにしたいため、
    // noise()の出力範囲（0～1）に 15 をかける
    float size = noise(0.3 + frameCount/1000.) * 15;
    rect(i, frameCount % height, size, size);
  }
}
```

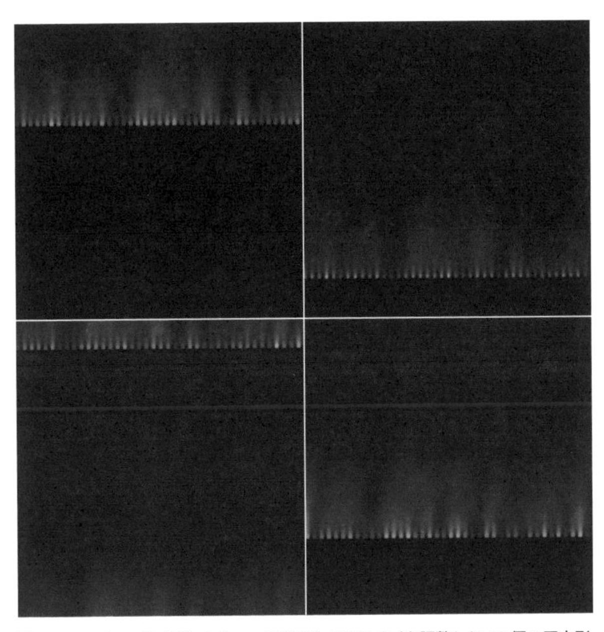

図4-2 noise()関数でグレーの濃淡をつけサイズを調整した40個の正方形。「炎」のような効果は主にBLURフィルタによる

Tips 他の色や別のカラーパレットも使ってみてください。リアルな炎のような視覚効果を得ることもできます。

これまでの作例から、乱数も他の数字と同じように使うことができ、そうしたデータは無限にあることがわかりました。乱数を発生させるのが、ビジュアル要素のバリエーションを試すためなのか、新しいアイデアを得るためなのかは問題ではありません。基本的な考え方はいつも同じです。コードで値を使う前に、範囲（どこからどこまで）と分布（一様かガウスかなど）を考えてください。その結果で遊んでみて、納得がいくまでランダムの使い方に磨きをかけてください。このセクションでは、ランダムとノイズについて説明しました。どちらも基本的に、スケッチで好きなだけ使える無限のデータ源です。もちろん、ランダムな値をどこでどのように使うか、フィルタをかけたり値を調整したりするかどうか、スケッチでデータを正確に判断すべきところは慎重に考えなければいけません。次の節では、過去のデータの使用方法について学びます。

4.2 MemoryDot

これまでは、ユーザーのインタラクションに直接影響されることのないランダムなデータや、計算されたデータを主に扱ってきました。多くの作例でマウスの位置を使用していましたが、この入力は時に飛び飛びで不安定になることがあるという事実をうまく隠してきました。この節では、データをスムーズにし、異なる設定間のスムーズな遷移を作成することについて説明します。

ここではある構造を扱いますが、使うにあたって実際に理解する必要はありません。この構造は MemoryDot（メモリドット）といい、頼もしい助っ人 PVector を拡張したものです。MemoryDot はひとつの点を実装していて、過去にたどった位置の記憶も保持しています。

これまでは、構造がどのように機能するかを完全に把握しておく必要がありました。ここからは、MemoryDot を使用し、どの場面でもうまく機能すると信頼して制作します。つまり、私たちはこの構造を「ブラックボックス」として扱い、その内部の隠れた機能を操作するためのインターフェイスだけを使用することになります。面白そうでしょう？　さあ、始めましょう！

4.2.1 スムージング

このセクションの出発点として、マウスの位置付近に明るい青色のドットを1つ描きます。このドットはマウスの位置にぴったりついてきて、ほとんど遅れることはありません。マウスをキャンバスの外に出し、別の端からキャンバスに入ると、ドットは直ちに新しい位置にジャンプします。

マウスの位置付近に明るい青色のドットを1つ描く(Ex_1_smoothing_1)

```
void setup() {
  size(400, 400);
  noStroke();
  colorMode(HSB);
  background(0);
}

void draw() {
  filter(BLUR, 1);
  // 明るい青色のドットを描く
  fill(170, 255, 255);
  // マウスの位置に描く
  PVector m = new PVector(mouseX, mouseY);
  ellipse(m.x, m.y, 28, 28);
}
```

もし、ドットをマウスの位置からやや遅れてついてきて、少しなめらかに動かしたければどうすればよいでしょうか。`PVector m`の代わりに`MemoryDot`クラスを使ってみましょう。

遅延を発生させ動きを若干なめらかにするMemoryDotの使用(Ex_1_smoothing_2)

```
MemoryDot m;
void setup() {
  size(400, 400);
  noStroke();
  colorMode(HSB);
  background(0);
  m = new MemoryDot(30);
}

void draw() {
  filter(BLUR, 1);
  // 明るい青色のドットを描く
  fill(170, 255, 255);
```

```
  // メモリドットをマウスの現在位置で更新する
  m.update(mouseX, mouseY);
  // メモリドットで指定した位置に描く
  ellipse(m.x, m.y, 28, 28);
}
```

このコードはそのままでは動作しません。MemoryDot クラスをコードフォルダに追加する必要があります。スケッチの隣に別のコードファイルを追加して使うにはどうすればよいでしょう。スケッチ名の隣にある小さな三角形をクリックし、「新規タブ」を選択してください。「MemoryDot」のような新しい名前を入力し、新しいタブのファイルに次のコードをコピー& ペーストしましょう。

MemoryDot クラスのコード

```
class MemoryDot extends PVector {
  PVector[] internal; float x, y, energy;
  public MemoryDot(int size) {
    internal = new PVector[size]; x = 0; y = 0;
  }
  public void update(float x, float y) {
    update(new PVector(x, y));
  }
  public void update(PVector newValue) {
    float x = 0; float y = 0; this.energy = 0;
    for (int i = internal.length -1; i > 0; i--) {
      if (internal[i] != null) {
        x += internal[i].x/float(internal.length);
        y += internal[i].y/float(internal.length);
      }
      if (internal[i] != null && internal[i-1] != null) {
        energy += internal[i-1].dist(internal[i])/ ⋯
float(internal.length);
      }
      internal[i] = internal[i-1];
    }
    internal[0] = newValue;
    if (internal[0] != null) {
      x += internal[0].x/float(internal.length);
      y += internal[0].y/float(internal.length);
    }
    this.x = x; this.y = y;
  }
}
```

覚えておこう MemoryDotのコードは複雑で難解に見えるかもしれません。でも心配無用です。このコードを完全に理解しなくても、効果的に使用することができます。これは内部処理関数と同じようなものです。そうした関数はいつも使っていますが、内部でどのように動作しているかまでは理解する必要がありません。(技術的な詳細:`MemoryDot`クラスは、`PVector`を拡張し、その内部機構を使って構築されています。「メモリドット」と名づけたのは、点(ドット)を実装し、過去の点の位置の記憶(メモリ)も保持しているからです。)

スケッチで`MemoryDot`を使用すると、青いドットの動きが変わったことがわかります。急にジャンプすることがなくなり、マウスの位置に向かってゆっくりと引き寄せられていきます。

`MemoryDot`は実際には何をしているのでしょうか。`MemoryDot`の`update()`関数を呼び出すと、更新された位置を内部メモリに保存します。このメモリの長さ(位置を保存できる個数)は、`new MemoryDot(30)`の30という数で指定しています。

これで、徐々に大きくなり、ゆっくり動く複数のドットをレンダリングするツールが用意できました。次の2つの作例でも`MemoryDot`のファイルがあることを確認してください。

最初の作例(**図4-3**)では、1行目で新たに2つの`MemoryDot`オブジェクトを追加し、異なるメモリの長さ60と90で初期化しています。これで、`m`、`l`、`xl`の3つのドットは、過去の位置の記憶が順に少しずつ長くなり、現在の位置の変化に対する反応が順に遅くなります。なぜ、そうなるのでしょう。`MemoryDot`は、記憶しているすべての位置の平均をとり、その平均地点を`MemoryDot`の新しい現在位置として使用するからです。つまり、記憶している位置が多いほど、新しく入ってくる位置に「古い」位置が影響することになります。「古い」位置が洗い流されるまでの時間が長くなるのです。そのため、`MemoryDot`はメモリが大きいほど、位置の変化に対する反応が遅くなります。

`MemoryDot`の`update()`関数の使用(Ex_1_smoothing_3)

```
MemoryDot m, l, xl;
void setup() {
  size(400, 400);
  noStroke();
  colorMode(HSB);
  background(0);
```

```
  m = new MemoryDot(30);
  l = new MemoryDot(60);
  xl = new MemoryDot(90);
}

void draw() {
  filter(BLUR, 1);
  // マウスの現在位置でメモリドットを更新する
  xl.update(mouseX, mouseY);
  // 最初の青いドットの色を設定する
  fill(170, 120, 255);
  // メモリドットの位置を渡して描画する
  ellipse(xl.x, xl.y, 90, 90);
  // 小さく彩度が高い、青いドットを描く
  l.update(mouseX, mouseY);
  fill(170, 160, 255);
  ellipse(l.x, l.y, 60, 60);
  // さらに小さく彩度が高い、青いドットを描く
  m.update(mouseX, mouseY);
  fill(170, 200, 255);
  ellipse(m.x, m.y, 28, 28);
}
```

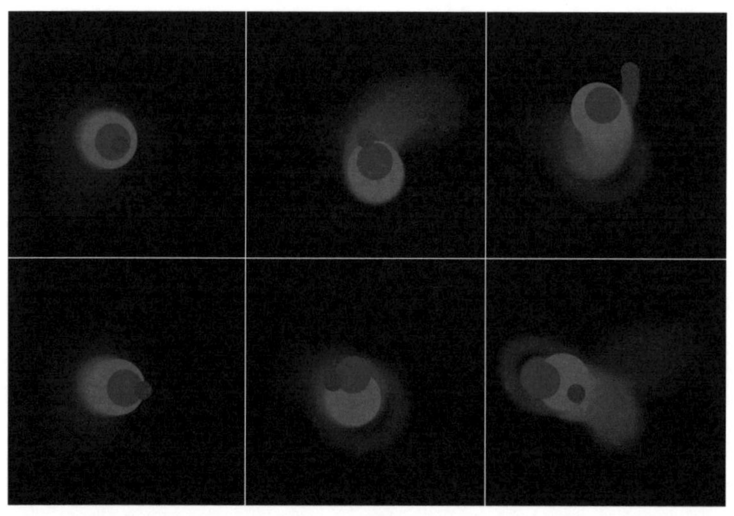

図 4-3　異なる MemoryDot オブジェクトによって配置された重なり合う円。最も明るい円は最も遅く動き、円が暗くなるほどマウスの位置に向かって速く動く

コードで使用できるもうひとつの機能に、エネルギー(energy) があります。2 番目の作例を試してみましょう。

MemoryDotのenergy属性で明度のコントロール（Ex_1_smoothing_4）

```
void draw() {
  filter(BLUR, 1);
  // 最初の青いドットを描く
  fill(170, 120, 100 + xl.energy * 200);
  // マウスの現在位置でメモリドットを更新する
  xl.update(mouseX, mouseY);
  // メモリドットの位置を渡して描画する
  ellipse(xl.x, xl.y, 84, 84);
  // もうひとつの青いドットを描く
  fill(170, 160, 100 + l.energy * 200);
  l.update(mouseX, mouseY);
  ellipse(l.x, l.y, 56, 56);
  fill(170, 200, 100 + m.energy * 50);
  m.update(mouseX, mouseY);
  ellipse(m.x, m.y, 28, 28);
}
```

このコードでは、固定していた明度の値255を、`100 + m.energy * 200`に書き換えています。この値は、MemoryDot mのenergyによって変動します。energyは、過去の位置群が互いにどのくらい離れているかを表しています。つまり、過去の位置群が互いに大きく離れていればenergyは高くなり、とても近ければenergyは低くなります。この作例では、ドットの動きが遅くなると色が濃くなるため、その効果がよくわかります。また、ドットのメモリの長さがenergyに影響を与えていることからも、それぞれのドットの違いを見ることができます。

考えてみよう　**energyの範囲を調べて、暗部と明部の遷移がゆるやかになるようにfill()の明度のパラメータを調整してみてください。**

ここでは、ProcessingのPVectorクラスを拡張して作られた構造を利用しました。MemoryDotが動作を完全に理解する必要はなく、ブラックボックスとしてスケッチで使用することができました。いったん動作の仕組みがわかれば、他のさまざまな場面で活用することができます（本書の後半でも登場します）。

4.2.2 たくさんのものをスムーズに扱う

複数の MemoryDot オブジェクトを一緒に使う方法を見てきました。この方法は、さまざまなことに応用できますが、どんな効果を得たいかを考えておく必要があります。次はより複雑です。noise()、random()、MemoryDot を使って、人工芝のフィールドと紫色のボールのアニメーションを作っています。

この作例（図4-4）は、比較的短いコードからスタートし、この後の数ページで少し長くなります。まず、3 次元空間内の草の葉を表現するために、10000 個の位置を使います。草の葉は、平面上の x、y 座標でランダムに配置しています。ランダムな位置は、setup() 関数で生成しています。草の z 座標で、垂直方向の長さを決めています。草の葉は、平面上の固定された下部の点と、いくつかの影響に対応する移動可能な上部の点を持つ線として描いています。

人工芝のフィールドを描く（Ex_2_smoothmanythings_1）

```
// 注：この作例は、上で紹介した MemoryDot クラスが必要
// コードを実行する前に、Processingの追加タブにMemoryDotクラスを追加して⋯
ください

// 描画する 10000 枚の草の葉
PVector[] positions = new PVector[10000];

// 風向きをなめらかに変化させるための MemoryDot
MemoryDot windDirection = new MemoryDot(250);

// 定期的に更新される風向きのターゲット
PVector windTarget = new PVector(random(-20, 20), ⋯
random(-20, 20));

void setup() {
  size(400, 400, P3D);
  colorMode(HSB);

  // 草の葉をランダムな位置で初期化する
  // x, y は位置、z は草の葉の長さを表す
  for (int i = 0; i < positions.length; i++) {
    positions[i] = new PVector(random(-250, 600), ⋯
random(100, 600), random(90, 100));
  }
}
```

```
void draw() {
  // HSBモデルで指定した白の背景
  background(255, 0, 255);
  // 最適な視野角を得るために平行移動し回転する
  translate(0, 0, -300);
  rotateX(radians(-15));

  // 150フレームごとに、風向きのターゲットをリセットする
  if (frameCount % 150 == 0) {
    windTarget = new PVector(random(-5, 5), ⋯
random(-5, 5));
  }
  // 風向きを現在のターゲットで更新する
  windDirection.update(windTarget);

  // すべての草を1本ずつ描く
  for (int i = 0; i < positions.length; i++) {
    PVector p = positions[i];
    // 線の色を緑に設定する
    stroke(100, 150, 50 + p.z);
    // 風の強さの設定にノイズを使う
    float windStrength = noise(frameCount/500.) * 2;
    // 草の葉を描く
    line(p.x, 200, p.y, p.x - windDirection.x * ⋯
windStrength, 200 - p.z, p.y - windDirection.y * ⋯
windStrength);
  }
}
```

〔作例でダウンロードできるコードには誤りがありました。このページのコードは修正済みです〕

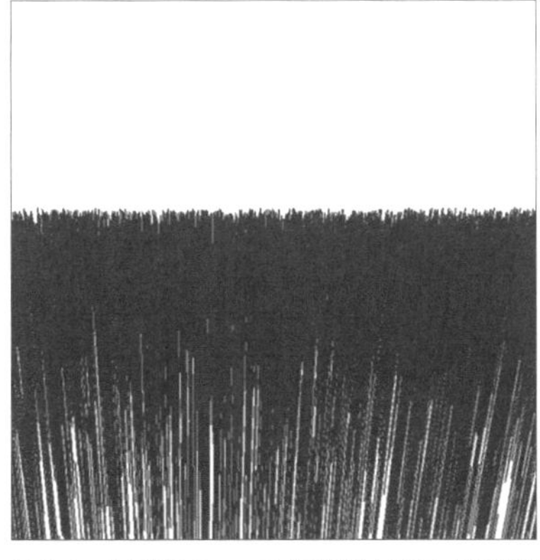

図4-4　人工芝のフィールドを描くために、3D空間内の草の葉を表わす10000個の位置を使用した作例

この作例は未完成ですが、3D空間上で芝生がなびいている様子を見てみてください。草の流れはどのように作られているでしょうか。平面上に吹く「風」をシミュレーションし、草の葉の先端を時間の経過とともに、ひとつの方向を向くようにしています。ここでは、風向きをなめらかに変化させるために、MemoryDotオブジェクトを使用しています。コードの最初でMemoryDotを初期化し、150フレームごとに新しいランダムな風向きのターゲットの位置を設定しています。風向きのターゲットは、草の葉の先端が自然に動くように、小さな範囲でランダムに生成しています。風向きのターゲットは、MemoryDotのwindDirectionを更新するときに使っています。こうすることで、次の風向きのターゲットが設定されるまでの間、風向きはターゲットに向かってスムーズに移動するようになります。草の葉を描くとき、風向きをnoise()を使って少し変化をつけています。その結果、現在の風向きの中で別の向きの「突風」が発生します。こうしないと、すべての葉が一様に動いてしまい、有機的な感じが出ないからです。この作例については、次の節でも続けて説明します。

4.3 計算しておいた値の利用

この節では、これまでのセクションや作例で多く使ってきた「値を計算する式」を、構造化することを目指します。たとえば、前の作例に出てきたp.x + windDirection.x * windStrengthという式について考えてみましょう。変数名はよいですが、これでは風のシミュレーションのことを知っていないと理解しにくいです。このように式が長くなり、コード内の複数の場所で使うようになったら、次で説明するように関数として抽出するのがよいでしょう。

4.3.1 関数で値を計算する

関数を使用すると、複雑な式やコードのあちこちで使われている式を書き換えて、専用の場所とパラメータを作れるため、コードの残りの部分をシンプルにすることができます。関数を使用する理由は他にもありますが、今のところこれで十分でしょう。本書では、最初から関数を使っていました。Processingが提供してくれる機能には、fill()、rect()、ellipse()、PVectorクラスの関数などがありました。これらはすべて、再利用できるように定義されている関数なのです。以下では、見た目や動作を変えずに、先ほどの作例を変更してみます。

人工芝フィールドのアニメーションの作例の続き

```
// 冒頭と setup() は前回と同じ

void draw() {
  // HSB モデルで指定した白の背景
  background(255, 0, 255);
  // 最適な視野角を得るために平行移動し回転する
  translate(0, 0, -300);
  rotateX(radians(-15));

  // 150 フレームごとに、風向きのターゲットをリセットする
  if (frameCount % 150 == 0) {
    windTarget = new PVector(random(-5, 5), ⋯
random(-5, 5));
  }
  // 風向きを現在のターゲットで更新する
  windDirection.update(windTarget);

  // すべての草を 1 本ずつ描く
  for (int i = 0; i < positions.length; i++) {
    PVector p = positions[i];
    // 線の色を緑に設定する
    stroke(100, 150, 50 + p.z);
    // 新しい関数で草の葉の先端位置を取得する
    PVector ptip = getGrassTip(p, i);
    // p と ptip の間に草の葉を描く
    line(p.x, 200, p.y, ptip.x, ptip.z, ptip.y);
  }
}

// 草の葉の先端位置を取得する新しい関数
PVector getGrassTip(PVector grassBladePosition, int i) {
  // 位置をコピーし風を加える
  PVector grassBladeTip = grassBladePosition.copy();
  // 風の強さの設定にノイズを使う
  float windStrength = noise(frameCount/500.) * 2;
  grassBladeTip.x += windDirection.x * windStrength;
  grassBladeTip.y += windDirection.y * windStrength;
  grassBladeTip.z = 200 - grassBladePosition.z;
  // 草の葉の先端位置を返す
  return grassBladeTip;
}
```

この作例では何が起こったのでしょうか。草の葉の先端位置を計算するのに使っていた複雑な式を、コードの最後にある新しい関数 getGrassTip() に書き換えたのです。こ

の新しい関数は、草の葉の元の位置（grassBladePosition）を受け取り、それをコピーし（grassBladeTip）、この位置に風の影響を加えます。そして、そのコピーを返します（return キーワードを参照）。この新しい関数が draw() 関数の中でどのように使われているかを調べてみましょう。この関数を呼び出して、すべての草の葉の位置に対して、草の葉の先端位置 ptip を計算しています。これで線の描画はとてもシンプルになり、p と ptip の 2 点間を線で結ぶだけで済むようになりました。

コードがシンプルになり構造化されたので、草の葉の先端の動きにさらにニュアンスを加えることができます。ここでは、草の葉ごとの個別のゆらぎ bx、by を noise() 関数で計算して使っています。このゆらぎはとても小さいものですが、フィールド全体に有機的な感じが生まれます。

作例の改良：草の葉をより有機的に動かす

```
PVector getGrassTip(PVector grassBladePosition, int i) {
  // 位置をコピーし風を加える
  PVector grassBladeTip = grassBladePosition.copy();
  // 風の強さの設定にノイズを使う
  float windStrength = noise(frameCount/500.) * 2;
  // 草の葉の個々のゆらぎにノイズを使う
  float bx = -10 + noise(i/100. + frameCount/100., ⋯
i/130.) * 20;
  float by = -10 + noise(i/170. + frameCount/200., ⋯
i/100.) * 20;
  grassBladeTip.x += windDirection.x * windStrength - bX;
  grassBladeTip.y += windDirection.y * windStrength - bY;
  grassBladeTip.z = 200 - grassBladePosition.z;
  // 草の葉の先端位置を返す
  return grassBladeTip;
}
```

このように getGrassTip() 関数を変更するだけで、草の葉がより有機的な動きを見せるようになります。新しい変数 bx と by を追加し、草の葉の先端ごとに個別のノイズを導入しました。この変数を定義して計算し、前回の草の葉の先端位置からその値を引いたらできあがりです。

仕上げの準備はできましたか（図 4-5）。草の葉 1 本 1 本の色を変え、全体の 20%の草の葉に小さな花のつぼみをつけ、最後に大きな飛び跳ねる紫色のボールを入れて、シーンに少しシュールな感じを加えてみましょう。跳ね返る仕組みについては第 1 章で見てきました。つまりこの作例では、ステップ 1、2、3 の側面を 1 つのシーンで組み合わせているのです。

最後のステップ：人工芝のアニメーションに紫色のサプライズを追加する（Ex_1_valuesfunctions_1）

```
void draw() {
  // 前と同じ

  // すべての位置に 1 本ずつ草を描く
  for (int i = 0; i < positions.length; i++) {
    PVector p = positions[i];
    // 線の色を少し変えながら個別に指定する
    stroke(100, 150, 50 + noise(i/100. + ⋯
frameCount/100., i/10. + frameCount/200.) * 150);
    // 新しい関数で草の葉の先端位置を取得する
    PVector ptip = getGrassTip(p, i);
    // 草の葉を描く
    line(p.x, 200, p.y, ptip.x, ptip.z, ptip.y);
    // 5 本に 1 本の割合で草の葉に花をつける
    if (i % 5 == 0) {
      pushMatrix();
      translate(ptip.x, ptip.z, ptip.y);
      fill(190, 255, 200, 40);
      noStroke();
      ellipse(0, 0, 2, 2);
      popMatrix();
    }
  }

  // クレイジーな紫色の飛び跳ねるボールを描く
  fill(200, 255, 255);
  noStroke();
  translate(-500 + frameCount % 1000, ⋯
100 - abs(sin(frameCount/40.) * 80), -500 + frameCount ⋯
% 1000);
  sphere(60);
}
```

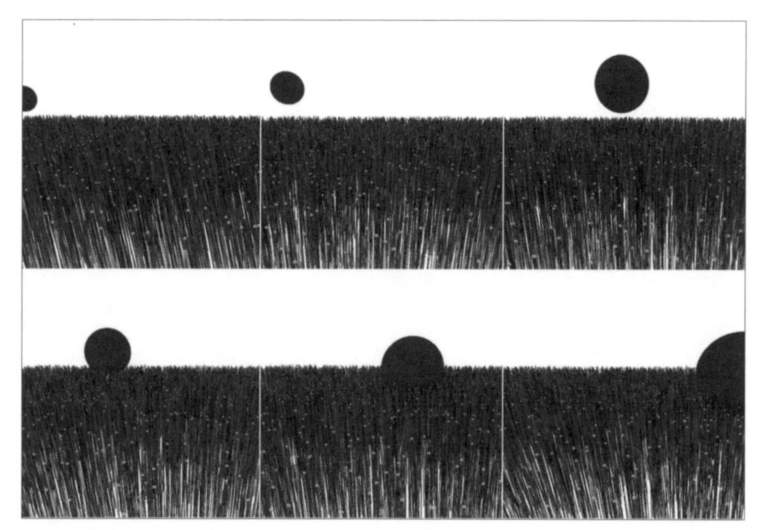

図 4-5　完成した人工芝の作例のスナップショット。有機的に動くフィールド上に紫色の大きなボールが飛び跳ねている

この作例では、3つのことを追加・変更しました。`stroke()` は、`noise()` 関数で部分的にコントロールされるようになり、その値は `frameCount` によって変わるようにしました。次に、草の葉の5本に1本の割合で花のつぼみをつけました。草の花は、基本的に `ptip` の位置を利用して、草の葉の先端に光輪（ハロー）のような円を描いたものです。最後に、`for` ループの下に飛び跳ねるボールを追加しました。これは、以前に見たいくつかの関数を使って、フィールドを斜めに飛び跳ねるようにしてます。楽しい時間になりましたね。

このセクションの最も重要なポイントは、自分たちのコードをつぶさに見直し、より複雑になったコードをさらに進めていけるようにシンプルにするということです。コードを抽出して関数に移す作業は、専門的には「リファクタリング」といって、コードの構造をシンプルにする一般的な方法です。ここでしっかり紹介したのは、この後の数セクションで、データを計算するために関数を作り直すか一から構築する必要があるからです。

4.3.2　補間

補間とは、指定した2つの値の間にある値を見つけることです。たとえば、誰かが2つの色を提示し、その真ん中、または30%や80%の位置にある中間色を要求してきたとします。補間は、これらの色を正確に教えてくれます。幸運なことに、Processingにはそのための関数 `lerp()` と `lerpColor()` があり、とても簡単に使うことができます。ここでは2色の動くボールの間で位置と色を補間する作例を見てみましょう。ここでも

PVectorを使って、ボールの位置とcolorのz座標を保存しています。z座標は通常の数値なのに、色を保存することはできるのでしょうか。Processingはどんな色も数値で扱っているため、このちょっとしたトリックはうまく動きます。

考えてみよう 2つの関数内の値を理解するために、Processingリファレンスで`lerp()`と`lerpColor()`を見てください。1つ目と2つ目のパラメータで補間範囲の開始値と終了値を、3つ目のパラメータで始点（0）から終点（1）までのどの地点に結果の値があるかを指定します。補間の働きは`map()`関数と強い関連があります。なぜかわかりますか？　以降の説明を読んで考えてみてください。

---

lerp()関数とlerpColor()関数の使用（Ex_2_interpolration_1）

```
PVector left, right;
void setup() {
  size(400, 200);
  noStroke();
  colorMode(HSB);
  left = new PVector(50, 0, color(0, 255, 255));
  right = new PVector(350, 0, color(0, 255, 255));
}

void draw() {
  background(0);
  // 2つのボールを上下に動かす
  left.y = map(sin(frameCount/100.), -1, 1, 20, ⋯
height-20);
  right.y = map(cos(frameCount/200.), -1, 1, 20, ⋯
height-20);
  // 2つのボールを描く：最初は左、次は右
  fill((color) left.z);
  ellipse(left.x, left.y, 20, 20);
  fill((color) right.z);
  ellipse(right.x, right.y, 20, 20);
  // 現在の補間点を計算する
  float ip = (frameCount % 500)/500.;
  // 補間点が0なら、色をリセットする
  if (ip == 0) {
    left.z = color(random(0, 160), 255, 255);
    right.z = color(random(120, 255), 255, 255);
  }
```

```
  // 左と右の位置の間を補間する
  PVector currentPosition = PVector.lerp(left, right, ip);
  // 左と右の色の間を補間する
  fill(lerpColor((color) left.z, (color) right.z, ip));
  // 真ん中のボールを描く
  ellipse(currentPosition.x, currentPosition.y, 20, 20);
}
```

覚えておこう **lerp() による位置の補間で z 座標も補間してくれるので、lerpColor() を使う必要はないと思うかもしれません。しかし、色の補間は単純な数値の補間よりも複雑なため、lerp() ではうまくいきません。ネットで色空間を検索し、色空間内の 2 色間を直接結ぶ線と、lerpColor() を使った結果とを比較してみてください。違いがわかりましたか？**

補間を理解するための基本的なポイントは、補間操作には範囲の始点と終点を示す 2 つの値（色、位置、数値）が必要だということです。その次に、始点と終点の間のどの点に注目するかを決める補間点が必要です。補間点は 0 から 1 までです。補間点が 0 に近いほど始点に近い値を、1 に近いほど終点に近い値を求めることを示しています。補間点 0.5 で、始点と終点のちょうど中間の値が得られます。この作例では、左のボールと右のボールの間にある真ん中のボールの位置を lerp() で補間しています。また、左のボールと右のボールの間にある真ん中のボールの色を補間するために lerpColor() を使用しています。補間点は frameCount によって変動します。

補間とは平均のことなんですか？と疑問を持たれるかもしれません。しかし、平均とは通常、正確な中間点のことで、補間点 0.5 で求めることができる値のことです。補間はそれ以上のことができます。2 つの値の間でとりうるすべての位置を得ることができるのです。この作例では、そのことがはっきりわかります。真ん中のボールのなめらかなアニメーションが、左のボールと右のボールの間のすべての位置（と色）をたどっているからです。

4.3.3 関数を使った補間

補間の作例で関数を使うにはどうすればよいでしょうか。これまでは、外側の 2 つのボールを動かしてから、真ん中のボールの位置を計算していました。もうひとつの方法として、すべてのボール位置を計算しておき、一度に描画することもできます。右のボールの動き方を少し変えてみましょう。先ほどの作例を参考に、draw() 関数を次のように書き換えてみます。

ボールの位置と色の補間（Ex_3_interpolrationfunction_1）

```
void draw() {
  background(0);
  // 2つのボールを上下に動かす
  left.y = getBallYPosition(frameCount);
  right.y = getBallYPosition(frameCount - 1000);
  // 左のボールと右のボールを描く
  drawBall(0, 20);
  drawBall(1, 20);
  // 現在の補間点を計算する
  float ip = (frameCount % 500)/500.;
  // 補間点が0なら、色をリセットする
  if (ip == 0) {
    left.z = color(random(0, 160), 255, 255);
    right.z = color(random(120, 255), 255, 255);
  }
  // 真ん中のボールを描く
  right.y = getBallYPosition(frameCount - 1000 * ip);
  drawBall(ip, 20);
}
float getBallYPosition(float time) {
  return map(sin(time/200.), -1, 1, 20, height-20);
}
void drawBall(float ip, int size) {
  // 左と右の位置の間を補間する
  PVector position = PVector.lerp(left, right, ip);
  // 左と右の色の間を補間する
  fill(lerpColor((color) left.z, (color) right.z, ip));
  // ボールを描く
  ellipse(position.x, position.y, size, size);
}
```

この作例では、真ん中のボールは、右のボールがどこにあるかをすでに知っているかのように、左から右へと移動しています。先ほど説明したとおり、新しい関数getBallYPosition()を導入することで、これができるようになりました。この関数は、時間を入力として、その時点でのボールの垂直位置（y座標）を計算しています。sin()のような周期的な関数を使っているので、時間から位置を計算できるのです。ユーザー入力やrandom()関数ではこのようなことはできません。しかしsin()を使えば、未来でも過去でも任意の時点での値を正確に計算することができます。2つ目の関数drawBall()は、3つのボールの描画コードをすべて書き換えたものです。この関数を使って、左右のボールを最小補間点0と最大補間点1で補間して描画しています。真ん中のボールは、左右のボールの位置と色を動的に補間して描画しています。drawBall()関数そのものを見ると、位置と色を補間しボールを描くという非常に単純なつくりです。このようにコードを再構築することで、重複するコードを大幅に取り除くことができます。

2つの新しい関数 getBallYPosition() と drawBall() があれば、コードをさらに拡張しやすくなり、小さなボールも追加できます。次の作例では、draw() 関数だけを書き換えています。2つの新しい変数 steps と stepSize を導入し、for ループを追加して、左のボールと右のボールの間になめらかな曲線を描くように、新たに小さなボール群を描画しています。真ん中のボールは、この曲線上を左のボールから右のボールへと移動することになります。

補間の作例に中間ステップを追加

```
void draw() {
  background(0);
  // 中間ステップの数とサイズを設定する
  float steps = 50;
  float stepSize = 20;
  // 2つのボールを上下に動かす
  left.y = getBallYPosition(frameCount);
  right.y = getBallYPosition(frameCount - stepSize * ⏎
steps);
  // 左と右のボールを描く
  drawBall(0, 20);
  drawBall(1, 20);
  // 現在の補間点を計算する
  float ip = (frameCount % 500)/500.;
  // 補間点が0なら、色をリセットする
  if (ip == 0) {
    left.z = color(random(0, 160), 255, 255);
    right.z = color(random(120, 255), 255, 255);
  }
  // 中間ステップをすべて巡回する
  for (int i = 0; i < steps;  i++) {
    right.y = getBallYPosition(frameCount - stepSize * i);
    drawBall(i/steps, 5);
  }
  // 真ん中の大きなボールを描く
  right.y = getBallYPosition(frameCount - stepSize * ⏎
steps * ip);
  drawBall(ip, 20);
}
```

最後の変更として、steps と stepSize 変数をマウスの位置と関連づけ、インタラクティブ性を持たせました。steps は mouseX によって変動し、stepSize は mouseY

によって変動するようにしました。こうすることで、中間に連なっているボールの数や、それらのボールをどれくらいジグザグさせるかをインタラクティブに遊べるようになりました。こうした変更ができるように、`steps`と`stepSize`をあらかじめ`float`型にしておいたのです。

マウスに反応する中間ステップ（Ex_3_interpolrationfunction_2）

```
// マウスの水平位置によって、ステップの数を決める
float steps = (int) map(mouseX, 0, width, 2, 200);
float stepSize = (int) map(mouseY, 0, height, 100, 2);
```

この作例（図4-6）では、計算された値や関数を導入することでコードをシンプルにする方法を、いくつかのステップで示しました。その後、この新たな構造を使って作品を充実させることができました。この作例では、単純な補間から、関数を使用して位置を計算し、すべてのビジュアル要素を描画するように移行しました。このように変更することで初めて、多くの中間ステップを作り、左右のボールの間になめらかな曲線を描けるようになったのです。

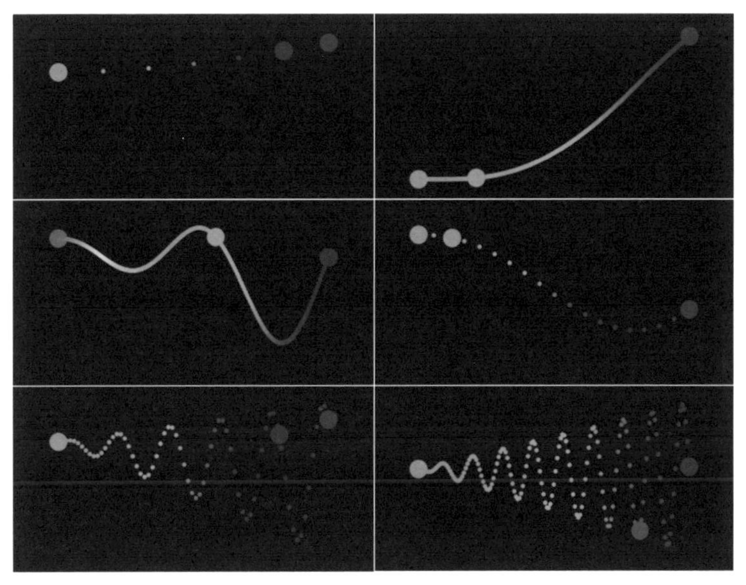

図4-6　マウスの位置を変えた場合の色と位置の補間の作例（マウスの位置が中間ステップ数をコントロールしている）

こうした変更を行う場合、実用上注意すべき点がいくつかあります。まず、大きな変更をする前には、必ずコードのコピーを取っておきましょう。変更を1つずつ適用し、変更のたびに出力が期待通り（またはそれ以上）になっているかをテストします。コードを構造化するときは、気を散らさないようにしましょう。これは全神経を集中する必要がある大変な作業

です。コードを関数に展開するときは、関数に入力するパラメータの順番や、関数内での入力の使い方、関数の出力の返し方、プログラムの残りの部分での出力の使い方を注意深くチェックします。これらのヒントについては、本書の第3部で触れることにします。

4.4 インタラクション

本章の最後のこの節では、インタラクションを扱います。これまでのマウスの使い方を超えて、Processingのスケッチをインタラクティブにしていきます。たとえばマウスを利用するとき、主にマウスの位置、マウスの押下、ドラッグ、クリックに関心が向きます。マウスの位置は、ビジュアル要素やたくさんのものをコントロールするのに使える数値を提供します。マウスの押下とクリックは、「マウスが押されていない」状態と「マウスが押されている」状態の間がシンプルに切り替わるオン／オフイベントを提供します。この2つの比較的シンプルなインタラクションによって、手元のPCで見られる複雑なユーザーインターフェイスをコントロールできているのです。Processingでさえ、ほとんどのことをマウスでコントロールすることができます。要するに、マウスはとても強力なインタラクションの手段なのです。

それでも、作品とのインタラクションに別の方法を使いたいこともあるでしょう。この節では、インタラクティブな入力の基本的な側面と、マウスからキーボード、カメラ、マイク、あらゆる種類の単純なセンサーや複雑なセンサーといった他の入力デバイスに移行する方法について説明します。まず、Processingのマウスとキーボードの機能から見ていきましょう。

4.4.1 マウスによるインタラクション

本書では、これまでもさまざまなマウスの機能を扱ってきました。マウスが押されたかどうかに応じてビジュアルを切り替えるために、`draw()`で手軽に使用できる`mousePressed`変数を見てきました。また、マウスハンドラも使いました。「ハンドラ」とは、特定のイベントが発生したときに自動的に呼び出されるProcessingの特別な組み込み関数のことです。たとえば、`mouseMoved()`と`mouseDragged()`というハンドラがあります。1つ目の`mouseMoved()`は、マウスがどんなかたちであれ動いたときに自動的に呼び出されます。ただし、マウスボタンを押しても呼び出されることはありません。2つ目の`mouseDragged()`は、ボタンを押した状態でマウスを動かした、つまり「ドラッグ」したときに呼ばれます。ほかにも、次のようなときにProcessingからスケッチに通知させることができます。マウスボタンを押したとき（mousePressed()）、そのボタンを離したとき（mouseReleased()）、押す／離すが連続して起こったとき（mouseClicked()）。次の作例は、マウスボタンの状態によってビジュアルを切り替える例です（マウスの左ボタンと右ボタンは区別していません）。mousePressedだけは変数とハンドラの両方が存在します。それ以外のマウスのインタラクションの機能はハンドラのみです。

マウスのインタラクションのさまざまな側面（Ex_1_mouseinteraction_1）

```
void setup() {
  size(400, 400);
  background(0);
  noStroke();
  colorMode(HSB);
}

void draw() {
  // マウスを押していない場合だけキャンバスをぼかす
  filter(BLUR, mousePressed ? 0 : 1);
  // マウスの位置に平行移動する
  translate(mouseX, mouseY);
  // このフレームにおけるマウスの移動距離を計算する
  float size = 5 + dist(pmouseX, pmouseY, mouseX, ⋯
mouseY);
  // きらめきを生成する
  for (int i = 0; i < 5; i++) {
    // マウスが押されていたらカラフルなきらめきを描く
    if (mousePressed) {
      fill(100 + random(-20, 20), 255, 255, 180);
    } else {
      fill(255, 180);
    } ellipse(size * random(-1, 1), size * ⋯
random(-1, 1), 2, 2);
  }
}
```

マウスの状態によって異なるビジュアルを作成するこのコードには、判断ポイントが2か所あります。最初の判断ポイントは、draw()関数の最初にあります。

mousePressed ? 0 : 1は条件演算子で、if～else～の短縮表記です。mousePressedが真（true）の場合（つまり、マウスボタンが押している場合）、filter()関数は0を受け取り、それ以外の場合1を受け取ります。この条件演算子は、2つの値のどちらかにしたいとき、いろいろな使い方ができますが、省略しない if ～ else ～の制御構造よりも見落としやすく、初心者にはわかりにくいので注意が必要です。

2つ目の判断ポイントは、マウスポインタ付近に生成されるきらめきの色を決めるところです。マウスボタンを押していない間は、きらめきは白色です。マウスを押すと、緑色に変化します。全体として、この例では、消えていく白い光か、キャンバスに残る緑の光かのどちらかを見ることになります。

これまでのところ、マウスの右ボタンか左ボタンかを完全に無視してきました。次の作例では区別します。前の作例のコードを数行書き換えて実行するだけです。

マウスポインタ付近のきらめきの色を生成する（Ex_1_mouseinteraction_2）

```
前回：
// マウスを押していたらカラフルなきらめきを描く
if (mousePressed) {
  fill(100 + random(-20, 20), 255, 255, 180);
} else {
  fill(255, 180);
}

今回：
// マウスを押していたらカラフルなきらめきを描く
// 左ボタンなら赤、右ボタンなら青
if (mousePressed && mouseButton == LEFT) {
  fill(240 + random(-20, 20), 255, 255, 180);
} else if (mousePressed && mouseButton == RIGHT) {
  fill(160 + random(-20, 20), 255, 255, 180);
} else {
  fill(255, 180);
}
```

先ほどの作例はほとんど理解できたと思いますが、ここでひとつ「&&」という新しいものが登場しました。この && は、if と else if の条件式の 2 つの部分の間を接続しています（mousePressed && mouseButton == LEFT）。この接続を「AND（論理積）演算」と呼び、&& の前と後にある両方の式が true である場合にのみ、true を返します。この作例では、マウスを押していて、かつ mouseButton が LEFT（2つ目の条件では RIGHT）の場合にのみ、fill() の色を変更することになります。

これは前の「きらめき」の作例のバリエーションで、mouseButton 変数をチェックし、LEFT または RIGHT と比較することで、マウスの左ボタンと右ボタンを区別しています。

これで、キャンバスに描画するときにどちらのマウスボタンを押しているかによって、異なる色のきらめきを見ることになります。

考えてみよう 論理演算子を使うと、より複雑な条件を表現できるようになります。先ほど紹介したAND演算子のほか、「OR（論理和）」演算子の「||」があります。これは、2つの式のどちらかまたは両方が`true`であれば、`true`を返します。試してみてください。

4.4.2 キーボードによるインタラクション

キーボードは、マウスの次に主要なインタラクションの入力です。マウスの位置とは違って、キーボード入力はかなりばらついています。つまり、キーは連続した値ではなく、イベントとキーの文字（「キーコード」）を提供します。たとえば、矢印キーと変数を使ってビジュアル要素の位置を正確に指定することができます。次の作例では、キーボードの矢印キーを使って光の正方形を動かしています。矢印以外のキーを押すと、正方形の位置をキャンバスの中心にリセットします。

矢印キーを使ってビジュアル要素の位置を正確に決める（Ex_2_keyboardinteraction_1）

```
PVector pos;
void setup() {
  size(400, 400);
  noStroke();
  rectMode(CENTER);
  // スタート位置：キャンバスの中心点
  pos = new PVector(width/2, height/2);
}

void draw() {
  background(0);
  fill(200, 200, 255);
  rect(pos.x, pos.y, 40, 40);
}
void keyPressed() {
  // キーが（文字や数字ではない）特殊キーかどうかチェックする
  if (key == CODED) {
    // 特殊キーなら、キーコードをチェックする
    if (keyCode == UP) { pos.y--; }
```

```
    else if (keyCode == DOWN) { pos.y++; }
    else if (keyCode == LEFT) { pos.x--; }
    else if (keyCode == RIGHT) { pos.x++; }
  } else {
    // それ以外のキーなら、位置をリセットする
    pos.set(width/2, height/2);
  }
}
```

考えてみよう　この作例を拡張し、Shift キーをチェックすることで、Shift キーを押している間は正方形が一方向に速く動くようにしてみてください。他にキーボードで影響を与えることができるものはありますか？

正確なコントロールはキーボードの強みで、キーを押すたびにカウントできます。次の作例で見るように、押したキーの文字を使うこともできます。まずは、押したキーをキャンバスに太字で表示するところから始めてみましょう。

この作例では、短い setup() 関数と空の draw() 関数を使用し、ほとんどの動作を keyPressed() 関数で行っています。冒頭では、事前に Processing ツールで作成したフォントを読み込んでいます。どのようにしたかというと、Processing の「ツール」メニューを開きます。「フォント作成 ...」という項目からフォントを選択し、サイズを決定すると、Processing が使用できる形式に変換できます〔スケッチの data フォルダに保存されます〕。適切なフォントサイズを指定しておくと、最終的に表示するテキストがきれいになります。Processing が作成した新しいフォントファイルは、Processing スケッチと同じフォルダに配置する必要があります。

押したキーの文字をキャンバスに太字で表示する（Ex_2_keyboardinteraction_2）

```
PFont f;
void setup() {
  size(400, 400);
  // テキストの表示に使うフォントを読み込む
  f = loadFont("InterUI-ExtraBold-250.vlw");
  background(0);
}
```

```
void draw() {}
void keyPressed() {
  // 文字を描く
  background(0);
  fill(255);
  // テキスト表示のオプションを設定する
  textFont(f, 250);
  textSize(250);
  // 文字の表示幅を測る
  float charWidth = textWidth(key);
  // 中央に文字を描く
  text(key, (width - charWidth) / 2., 300);
}
```

キーを押すたびに（keyPressed()）、setup()で読み込んだフォントを使用して黒い背景に文字を描きます。フォントとtextSizeをかなり大きく設定するほかに、textWidthを使用してテキストの表示幅を測り、この幅を使用することでテキストを画面上でセンタリングしています。センタリングは簡単に計算できます。キャンバス全体の幅からテキストの表示幅を引き、2で割り、文字の左側の余白を求めています。このキャンバスの左端から文字までの余白をX座標として、文字を描画しています。これでできあがりです。

考えてみよう　センタリングの方法をごく簡単に説明しました。この手順を紙に書いてイメージしてみましょう。キャンバスを長方形で描き、キャンバスの内側にセンタリングした文字を描き、キャンバスの左端・右端と文字の間の余白を描きます。キャンバス、文字、余白の幅を測ると、先ほどの計算を再現することができます。

文字を取得し、キャンバスの中央に描く方法を見てきました。これを次のレベルに進めるために、文字を間接的にレンダリングできるようにしましょう。次の作例は、前の作例のバリエーションです。ランダムに配置したたくさんの小さなドットによって文字をレンダリングしています。前章では、ランダムを使用してビジュアル要素を配置していましたが、文字の内側にランダムに配置するにはどうすればよいでしょうか。これにはある仕掛けを使います。キーを押すたびに、タイプした文字を別のキャンバスtextCanvasに白黒で描画するのです。そして、ランダムにたくさんのドットを生成し、ドットのランダムな座標とtextCanvasの同じ座標の色を比較し、ドットが文字の内側に入っているかどうかをチェックします。もし色が黒なら、文字の外側の空間に当たったことになり、ドットを描画しません。もし色が白なら、文字にぶつかったことになり、元のキャンバスにドットを描きます。この動作を見てみましょう。

押したキーをランダムな点描の文字として表示する（Ex_2_keyboardinteraction_3）

```
PFont f;
PGraphics textCanvas;
void setup() {
  size(400, 400);
  textCanvas = createGraphics(400, 400);
  f = loadFont("InterUI-ExtraBold-250.vlw");
  background(0);
}
void draw() {}
void keyPressed() {
  // オフスクリーン（画面外）のキャンバスに文字を描く
  textCanvas.beginDraw();
  textCanvas.textFont(f, 250);
  textCanvas.background(0);
  textCanvas.fill(255);
  textCanvas.textSize(250);
  // 文字の表示幅を測る
  float charWidth = textCanvas.textWidth(key);
  // 中央に文字を描く
  textCanvas.text(key, (width-charWidth)/2, 300);
  textCanvas.endDraw();
  // 新しい文字を描く
  background(0);
  noStroke();
  // ドットの再帰的描画を 2000 回繰り返す
  for (int i = 0; i < 2000; i++) {
    drawDot(random(0, width), random(0, height), 10);
  }
}
void drawDot(float x, float y, int depth) {
  // depth が 0 になったら再帰を止める
  if (depth == 0) {
    return;
  }
  // textCanvas の現在座標（文字を描いた位置）の明度を調べる
  if (brightness(textCanvas.get((int)x, (int)y)) > 0) {
    // 文字の内側であれば、再帰の深さに応じた透明度のドットを描く
    fill(255, map(depth, 0, 10, 80, 180));
    ellipse(x, y, depth/2, depth/2);
  }
  // 次の座標を設定する
  float nextX = x + random(-20, 20);
  float nextY = y + random(-20, 20);
```

```
    // 次の段階の再帰に入る
    drawDot(nextX, nextY, depth - 1);
  }
```

別のキャンバスに文字を描画する方法は、通常の Processing キャンバスとまったく同じです（前の作例のコードと比較してみてください）。このように別のキャンバスに描画する場合は、beginDraw() と endDraw() でキャンバスの準備と完了を行うことを忘れないでください。この別のキャンバスは、キャンバス上のある点が文字の内側か外側かを調べるために使います。ここでは、ドットと同じ座標のピクセルの明度（brightness(textCanvas.get((int)x, (int)y)) を使用）をチェックし、0 と比較することで調べています。座標が文字の内側にある場合（つまり、明度が 0 より大きい場合）のみ、目にしている Processing キャンバス上に明るい白いドットを描画します。この結果、文字がランダムに「点描」されることになります。言い換えれば、文字が現れるのは、文字の領域内にあるドットだけが存在しているからです。このスケッチが反応するまでに読み込みに少し時間がかかることに注意して、試してみてください。

この作例（**図 4-7**）で興味深いのは、「再帰」という概念を使い、ランダムな座標へと 10 段階深く入り込んで、その座標が文字の内側か外側かによってドットを描いているところです。再帰とは、keyPressed() から drawDot() 関数を呼び出し、drawDot() の内部からも再び自分自身の関数を呼び出していることを指しています。これは、想像できるようにループになります。気をつけないと、ループがいつまでも終わらずに、スケッチが突然クラッシュしてしまいます。これを回避し、ループから抜け出せるようにすることができます。ここでは、drawDot() を呼び出すたびに、最後のパラメータ depth を減らしています。drawDot() の最初に、depth が 0 かどうかをチェックし、0 になったら停止します。シンプルに return するだけで、これまでのすべてのレイヤーから keyPressed() に一気に「引き戻す」ことができます。

考えてみよう　再帰を使わずに、単純な for ループでこの作例を実現するにはどうすればよいのか考えてみてください。簡単ではありませんが、ここまで読み進めた方ならできるはずです。やってみてください。

前の作例では、ドットの透明度で少し遊びました（再帰が深いほどドットを濃くしています）。これをさらに進化させることができます。描いた「点描」文字に装飾を加えてみましょう。半透明の細い線をつけると、文字がかなり有機的な感じになります。前回のコードを 2 か所、少し変更することでできます。

前回のコード例からドットの透明度を変更する短縮記法（Ex_2_keyboardinteraction_4）

前回と同じ：

```
  // textCanvas の現在座標（文字を描いた位置）の明度を調べる
  if (brightness(textCanvas.get((int)x, (int)y)) > 100) {
    // 文字の内側であれば、塗りつぶしたドットを描く
    fill(255, map(depth, 0, 10, 80, 180));
    ellipse(x, y, depth/2, depth/2);
```

新たに追加：

```
  } else if (depth == 10) {
    // 文字内ではなく、再帰の第 1 段階の場合
    return;
  }
  // 次の座標を設定する
  float nextX = x + random(-20, 20);
  float nextY = y + random(-20, 20);
  // 線の色を設定する
  stroke(180, map(depth, 0, 10, 20, 80));
  // 現在の座標から次の座標まで線を描く
  line(x, y, nextX, nextY);

  // 次の段階の再帰に入る
  drawDot(nextX, nextY, depth - 1);
```

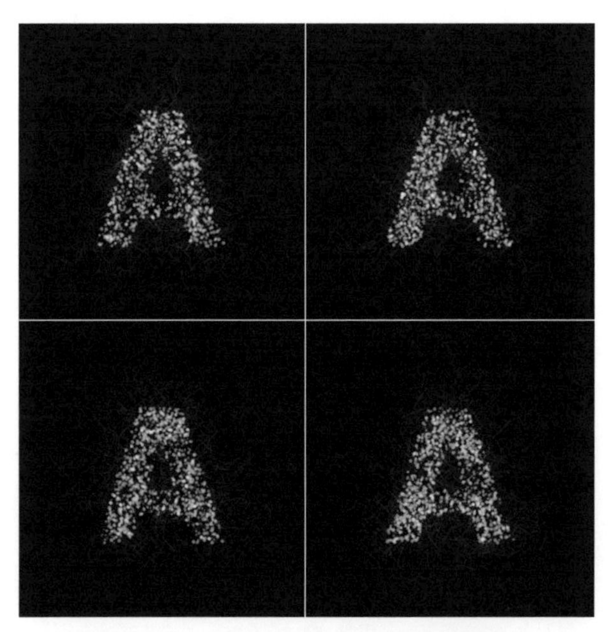

図4-7　押したキーをランダムな点描の文字として表示する

ランダムなドットの座標からランダムな方向に半透明の線を描くために、drawDot()を呼び出す前に数行追加し、線の色を設定して、現在のドット座標から次のドット座標まで線を描いています。このように変更するだけでも、スケッチに面白い線が表示されるようになります。しかし、文字の周りの黒い空間にもこの線が表示されてしまいます（よくありません！）。そのため、2つ目の変更としてelse if (depth == 10)を追加し、第1段階（depthが10のとき）のランダムな座標が文字の外側かどうかをチェックし、returnで再帰を中断する必要があります。

できましたね。Processingの基本的な機能であるキーボード入力について話をしました。それを、本書で扱ったランダム、たくさんのものを描くこと、関数と組み合わせました。ここでは再帰を簡単な方法で紹介しましたが、実は簡単な計算概念ではありません。読者のみなさん、おつかれさまでした。

4.4.3 その他の入力

Processingでは他にもいろいろな入力が使えます。マイクの音声入力、Kinectの全身運動センシング、Leap Motionの手指の動きのデータ、Myoバンドの筋収縮や腕の動きのデータなどがありますが、これだけに限りません〔Kinect、Myoアームバンドは生産終了〕。さらにArduinoなどのハードウェアを追加すれば、いろいろと面白いことを感知することができます。部屋の明るさ、床の湿気、パートナーの心拍、バイクのスピードなどです。Processingのライブラリを使えば、複数のハードウェアから入力データを集めるようなインタラクションを設計することも可能です。

こうした入力は、マウスやキーボードと同じように関連づけ、クリエイティブに使うことができます。たとえば、Kinectカメラで人間の骨格を、Leap Motionデバイスで人間の手の指をトラッキングすると、指や関節、身体部位の中心の位置データを得ることができます。これらの位置は、2次元の座標（x、y）または3次元の座標（x、y、z）で得られます。これらの位置を集約し、2Dキャンバスや3D空間上のビジュアル要素に関連づけることは、さほど難しいことではありません。まずは、さまざまなビジュアル要素を、関心のある部位（手、肩、腰、頭）に関連づけることから始めるとよいでしょう。こうすることで、入力デバイスがどのようにあなたの動きを測定するのか、その限界がどこにあるのかを感じ取ることができます。

このとき、MemoryDotをうまく活用することもできます。デバイスやセンサーからの入力を1つまたは複数のMemoryDotオブジェクトに結びつけることで、マウスやキーボードよりもより豊かに動きをコントロールすることができます。メモリの長さや、出力をビジュアル要素に関連づける方法、ビジュアル要素に影響を与える方法などを試してみてください。どのデータが自分の制作に直接役立つのか、どのデータがより多くの作業を必要とするかが、すぐに理解できるようになるでしょう。

キーボードとマウスという、Processingでインタラクションの設計に最もよく使われる手入力のデバイスについて詳しく紹介しました。マウスは、Processingによる作品を制作したり、インタラクティブで動的なスケッチを探求するのに、引き続き最も重要なコントロール手段であると言えるでしょう。キーボード入力は、コマンドを発動させたり、複数の状態を切り替えたりするのに役立ちます（そのために、約100個あるキーを自由に使うことができます）。次の章で見るように、マウスとキーボードは、新しい可能性を素早くテストして探求するのにもとても便利です。

4.5 まとめ

これまで、図形、色、ランダム、奥行きなどについてあれこれ作ってきました。いよいよ、作品にスポットライトを当て、人に見せるときがやってきました。これを「プロダクション」の段階と呼び、印刷や上映ができるようにしたり、長期的に動作するよう安定化したり、次の反復作業に向けてコードを準備したりします。なぜこの最後の段階が重要なのでしょうか。誰もコードを覗いたりはしませんよね。答えはシンプルです。大きなステージや展覧会のオープニングイベントに臨むとき、展示スペース、観客、はたまた会場のプロジェクターが壊れているといったその場の状況に合わせて、細かい調整を素早く行う必要があるからです。明確なコード構造を持っておくと、何もかも適切に美しく見せないといけないようなストレスの多い場面で、みなさんを助けてくれます。ストレスから解放され、大切なときに冷静でいられるのです。

もうひとつ理由があります。制作中の時間、つまりマシンを使って制作に没頭しているフロー状態にあるときは、色を変えるコードや、画面上の要素の動きをゆるやかにするコードがどこにあるか、完璧に頭に入っています。こうした時間はやがて過ぎ去ります。2週間、3週間と他のプロジェクトに取り組むことがあります。そして、雑然としたコードと複雑な構造に戻った瞬間、迷子になったような気持ちになり、もはや自分のものとは思えないコードを目にすることになるでしょう。制作中の時間に戻り、気持ちをリセットするまで、フラストレーションが溜まるのは当然です。

そんなに難しく考える必要はありません。自分のためにコメントや作業の痕跡を残しておけば、コードをすぐに理解できるようになります。時間を無駄にせず、素早く先に進められるようになります。

明確な構造を持っておくと、より簡単に、より早く助けを得ることができるようになるというメリットもあります。どんな専門家でも、そもそも何を目指しているのかを理解するのに、混乱した状態で作業したり、1時間もかけたりする必要がなければ、より積極的に助けてくれるでしょう。この点については第3部で、問題を一歩一歩解決していく方法と、早く助けを得る方法を学びます。

最後にお伝えすることが、この章を設けた大きな理由です。作品に深みを持たせ、構造を維持することで、さまざまな新しい方向への分岐を楽にできるようになります。この段階で何度も何度も反復することによってのみ、作品に深みを持たせることができ、次の章ではその深みに磨きをかけることができます。続けてお読みください。

第5章 | 完成とプロダクション

第1部の最終章である本章では、完成の瞬間にたどり着くための作例やコツ、ヒントを紹介します。クリエイティブな作品は、多くの場合、見せたり、さらしたり、演じたり、知覚されたり、反応を引き起こしたり、賞賛されたりすることを目的としています。こうしたことはすべて、ひとつの制作の段階にとどまらず、制作全体にも起こります。作品を見せたり反応をもらったりすると、制作プロセスは非常に速く回転します。そして、作品を「80%」から「100%」に引き上げるには、多くのエネルギーと忍耐が必要です（これを「80/20」の法則、あるいは「パレートの法則」にたとえる人もいるかもしれません）。本当は簡単に成功するレシピを紹介したいのですが、私たちの知る限り、そんなものはありません。その代わりに、プロダクションに向けて作品を完成させるために、少しでも楽になれそうなことを紹介します。まずは、クリエイティブな作品をプロダクション用の解像度に仕立てるところから始めます。

5.1 印刷用に拡大

本書は、一貫してデジタルアートと作品制作について扱っています。これまで、コードを使って制作する方法を紹介し、デジタル領域のほとんど無限の可能性と遊んできました。しかし、この旅は必ずしもここで終わるわけでも、終わろうとしているわけでもありません。たとえば、印刷に向けた準備など、プロダクションのために作品を物理化しなければいけないこともあります。

この節では、作品のスナップショットを印刷、拡大縮小、レンダリングする際に、作品を大きく拡大する方法や起こりうる問題を解決する方法を紹介します。

とてもきれいな写真などを高画質で印刷したことがある方は、DPI（dots per inch）という用語を聞いたことがあると思います。DPIは、1インチに印刷されるドットの数を表す指標で、一般的な値に72、150、200、300、600があります。高画質で印刷したり、近距離で見たりする場合、DPI値が高い方が望ましいです。

印刷会社からDPI値が提示された場合、必要な画素数を知るにはどうすればよいでしょうか。この質問に答えるには、印刷物の大きさも知っておく必要があります。たとえば、10 cm × 10 cmのカードに600 DPIでプリントする場合、2362 × 2362ピクセルのスケッチをレンダリングする必要があります。これは、この本でこれまでレンダリングしてきたものよりはるかに大きいサイズです。それでは引き伸ばしましょう！

その前に、Processingにこのピクセルの計算をやってもらいましょう。こういうのはコンピュータ・プログラムにぴったりの仕事ですからね。

Processingでサイズと DPI からピクセル数を計算（Ex_1_calculateDPI_1）

```
// 10cmは100mm
int sizeInMilliMeters = 100;
// 600 DPI
int desiredDPI = 600;
// Processingの出力
print("ピクセル数： ");
println(round((sizeInMilliMeters * desiredDPI)/25.4));
```

この短いプログラムでは、印刷サイズと DPI を入力するするだけで、Processing がピクセル数を計算してくれます。

5.1.1　高解像度でレンダリング

非常に高い解像度でレンダリングするにはどうすればよいでしょうか。印刷物には高い解像度が必要で、特殊な色を必要とすることもあります。ここでは、作品を拡大して、レンダリングした画像を保存し、印刷物などを作れるようにする方法を紹介します。この作業を始める前に、作品の現在のバージョンをコピーしておいてください。この「小サイズ」版のスケッチは、後で見比べたり、スナップショットを撮るタイミングを見計らったりするのに必要になります。先ほどは、作品を特定の解像度で印刷するのに必要なピクセル数を計算する方法を説明しました。ここでは次のスケッチを 1000 × 1000 ピクセルでレンダリングしたいとします。

400 × 400 ピクセルのオリジナルキャンバス

```
size(400, 400);
rect(40, 40, 200, 200);
```

まず変更したい（実際に変更する必要がある）のは、キャンバスサイズです。

キャンバスサイズを 1000 × 1000 ピクセルに変更

```
size(1000, 1000);
rect(40, 40, 200, 200);
```

どうなりましたか。キャンバスは 1000 × 1000 ピクセルに拡張されましたが、白い正方形は以前と同じ位置とサイズのままです。この時点で、「キャンバスの拡大」か、「サイズに連動する値」を使用するか、2 つのアプローチをとることができます。すべての値を手動で変更することはお勧めしません。大きなスケッチでやるには大変な作業ですし、別のピクセル数でレンダリングする必要があると、全部やり直さなければならなくなるからです。

キャンバスの拡大：最初のアプローチは、数値はそのままにして、正方形をレンダリングする前に `scale()` を導入する方法です。

リサイズしたキャンバス上の描画を拡大

```
size(1000, 1000);
scale(1000/400.);
rect(40, 40, 200, 200);
```

`scale()` の拡大率を決めるために、新しいピクセル数（1000）を以前のピクセル数（400）で割っています。`400` ではなく小数点をつけた `400.` とすることで、浮動小数点数の割り算であることを確実にしています。割り算をこのようにすることで、より正確な数値が得られるのです。この場合、整数の割り算では `1000/400 = 2` となり、浮動小数点の除算では `1000/400. = 2.5` となります。後者の方が、`scale()` の入力値として適しています。数字の後につけたドットは、本書の以前の作例ですでに気づいておられたかもしれません。このドットは、数値を浮動小数点数に変換することで、式全体を浮動小数点数の割り算に変えています。より精度の高い出力が得られるので、拡大縮小やレンダリング用途に最適です。割り算の数値が互いに近いほど（あるいは割る数値が大きいほど）、より高い精度が必要になります。なお、`scale()` は何かを描画する前に挿入する必要があるため、`draw()` 関数の冒頭に置くことに注意してください。

サイズに連動する値：2 つ目のアプローチは、スケッチ内のすべての値をキャンバスのサイズによって連動させる方法です。この場合、元のコードに次のような変更を加えます。

サイズに連動する値の使用

```
size(400, 400);
rect(width/10., height/10., width/2., height/2.);
```

このように変更した後は、キャンバスサイズを自由に変更でき、白い正方形の位置とサイズがキャンバスサイズに比例して変化するようになります。

ビジュアルのサイズがキャンバスに比例して変化する

```
size(1000, 1000);
rect(width/10., height/10., width/2., height/2.);
```

ここで、悪いお知らせがあります。1つのスケッチの中で、この2つのアプローチを混ぜるのは簡単ではありません。混在させると、識別や修正が困難な問題が発生するおそれがあります。そのため、1つのアプローチにしぼり、そのことをスケッチの冒頭のコメントで明確にしておくのが最もよい方法です。

両方のアプローチを試して気がついたことがありますか？　白い正方形の輪郭線をもう一度確認してみてください。`scale()` を使った作例では、線が太くなっています。その理由は、拡大処理は位置やサイズだけでなく、すべての描画操作に影響を与えるからです。輪郭線の太さ（ストロークの太さ）やビジュアル要素の他の拡大可能な属性にも同じように影響を与えます。そのため、拡大の手法を使用する場合は、一晩中レンダリングにかける前に、線の太さやその他のビジュアルの属性を確認し、調整するようにしてください。

5.1.2　拡大可能なバージョンへの移行

紹介したアプローチはどちらも、作品を新たに作り始めるときにはとてもわかりやすいものです。では、すでに複雑なスケッチとして作品ができあがっていて、それを拡大する必要がある場合はどうすればよいでしょうか。本書の作例からどちらかを選び、選択したアプローチごとに以下の手順に従うことができます。

キャンバスの拡大：Processingの「検索と置換」機能を使い、`width` と `height` を `size()` で指定した値に書き換えてください。`setup()` と `draw()` の最初に `scale()` を追加します（別の関数で描画している場合も同様）。このコピーをテストして保存してください。

サイズに連動する値：コード全体を通して、拡大に関連する値（位置、サイズ、線の太さなど）を、width や height に連動する式に書き換えてください。先ほどの作例で行ったものを再度掲載しておきます。

width や height に連動した値の使用

```
size(1000, 1000);
// すべての値を width や height に連動させる
rect(width/10., height/10., width/2., height/2.);
```

どちらのアプローチをとればよいか、まだ悩んでいますか。経験則ではこう言えます。もし、translate()、rotate()、scale() のような座標変換をほとんど使っていないコードなら、「キャンバスの拡大」アプローチがよい選択です。座標変換をたくさん使っていたら、「サイズに連動する値」アプローチをとります。値を変更するのは大変な作業かもしれませんが、座標変換の問題を解決するよりも面倒なことにはなりません。結局のところ、コードがどれくらい整理されているか、pushMatrix() と popMatrix() を使って座標変換をどれくらい明確に分離しているかにもよっても、この判断は変わります。これは、以前コードのコピーをとっておくように提案した理由でもあります。コピーをとっておけば、一方のアプローチを試してみて、もう一方がうまくいきそうならアプローチを変えることができるからです。さらに、Git のようなバージョン管理システムを使って、コードの細かい変更を追跡することも検討してみましょう。

覚えておこう　ネットで「Git バージョン管理システム」と検索してください。技術的な情報がたくさん出てきますが、とても使いやすい Git のグラフィカルなクライアントも利用できます。人気のある Git ホスティング事業者のサイト（https://github.com や https://gitlab.com）も見ておくとよいでしょう。

高解像度でコードを実行すると、レンダリングに時間がかかり、フレームレートが低下する可能性があることに注意してください。大量の描画処理が必要なスケッチや、たくさんの反復処理を伴うループでは、この問題が発生します。また、1 つの大きなフレームのレンダリングを完了するのに何分間もかかることから、マウスによるインタラクションが難しく、時には役に立たなくなることもあります。これらの問題については解決する方法があります。

5.1.3 動的な作品のスナップショットのレンダリング

ここまで、作品を適切な解像度（ピクセル数）にする方法について見てきました。高解像度にすると、レンダリングにかかる時間が「作業用」のスケッチよりもはるかに長くなるでしょう。でも大丈夫です。スケッチをレンダリングしておき、適切なタイミングで印刷用のスナップショットを撮ればよいのです。

Processingで「スナップショットを撮る」とはどういうことでしょうか。それは、Processingが `draw()` ループを一時停止し、現在のキャンバスをファイルに保存することを意味します。画像ファイルの名前や種類は、カスタマイズすることができます。ファイル名に連番を入れることもできるので、スナップショットの並び順を保持することができます（image-0001.png、image-0002.png、image-0003.pngなど）。次のコードは、スナップショットの動作を示しています。

saveFrame() でスナップショットを撮る（Ex_2_snapshots_1）

```
void setup() {
  size(400, 400);
}
void draw() {
  background(0);
  for (int i = 0; i < 20; i++) {
    ellipse(random(0, 400), random(0, 400), 20, 20);
  }
  // キャンバスをPNG画像として保存する
  // ファイル名に4けたの連番をつける
  saveFrame("image-####.png");
}
```

`saveFrame()` は、`saveFrame()` が呼ばれた時点のキャンバスの状態をレンダリングするので、`draw()` 関数の最後に置くとよいでしょう。まず、スケッチを見つけやすいローカルフォルダに保存していることを確認してください。すべてのフレームはこのフォルダに保存されます。さて、このコードを実行し、しばらく待つと、スケッチフォルダにたくさんの画像ファイルが出現するのがわかります。Processingは、画像をいくつかの形式で保存することができますが、基本的には拡張子が.tif、.jpg、.pngのファイルです。.tifファイルは非圧縮でかなり大きく、.jpgファイルは非可逆圧縮のためファイルサイズは小さくなりますが画質は落ちます（印刷には適していません）。.pngファイルは品質を落とさずに圧縮されます（すべての作例でこれにしました）。これらのフォーマットに関する詳しい情報はネットで見つけることができます。ファイル名にハッシュマーク（#）が入っていたら、ハッシュマークは `saveFrame()` を呼び出した時点の `frameCount` の値に書き換えられます。その結果、レンダリングされたフレーム番号を示す、連番つきの画像ができあがります。これを使って最適なフレームを選択することができます（本書の作例画像はこのように選びました）。やりたければ、アニメーションGIFを作ってSNSに投稿することもできます。

レンダリングしたフレームを丸ごと全部欲しい場合以外は、すべてのフレームをレンダリングして保存する必要はありません。この関数を使えば、好きなフレームだけをレンダリングできるので、もっと厳選してみましょう。次の作例では、キーを押すたびに1枚のフレームを保存する方法を示しています。

キー操作で1フレームを保存する（Ex_2_snapshots_2）

```
void setup() {
  size(400, 400);
}
void draw() {
  background(0);
  for (int i = 0; i < 20; i++) {
    ellipse(random(0, width), random(0, height), 20, 20);
  }
}
void keyPressed() {
  // キャンバスをPNG画像として保存する
  // ファイル名に4けたの連番をつける
  saveFrame("image-####.png");
}
```

これはほとんど同じコードで、フレームを保存する部分を新しい`keyPressed()`関数に移しただけです。このスケッチは、すべてのフレームを保存するのではなく、どのキーでも押されるのを待ち、押されたらその時のフレームを保存するだけです。こうすることで、フレームが進んでいくのを見ながらキーボードを押して、気に入ったところだけを保存することができます。

Tips **フレームの変化が速すぎますか。そんなときは、`setup()`内で`frameRate()`を使ってフレームレートを調整してください。2、1、0.5、0.3といった値を指定してみてください。**

フレームを選択するこのアプローチは、レンダリング時間が1フレームあたり数秒以下のスケッチの場合に有効です。しかし、本当に大きく描こうとすると、1フレームのレンダリングに数十秒以上かかることがあります。かなり長い時間タイミングを待つことが我慢できない場合、フレーム番号でフレームを選択するという別のアプローチもあります。

これは、2つのステップで作業します。まず、拡大前の元のスケッチのコピーに戻ります。この元のスケッチの最後に、次の関数を挿入します。

覚えておこう **拡大する前にコピーをとることを提案したのを覚えていますか。特に大きな変更を加える予定があるときは、常にコピーをとるようにしてください。**

コンソールに frameCount を出力する（Ex_2_snapshots_3）

```
void keyPressed() {
  // 現在のフレーム番号を出力する
  println(frameCount);
}
```

このキーが押されたときのハンドラは、Processing のコンソールに frameCount を出力しているだけです。こうしておくと、元のスケッチを実行しながら、後で大きくレンダリングしたい面白いフレームが見えたときにキーを押すことができます。frameCount の値がコンソールに出力されているので、テキストエディタにコピーするか、2つ目のステップのためにメモしておく必要があります。好きなだけスケッチを実行し、フレーム番号を集めてください。

2つ目のステップでは、拡大版のスケッチで、draw() 関数の終わりに短いコードを挿入します。たとえば、最初のステップを実行し、面白いフレームでキーボードを押したら、コンソールに frameCount 108 と表示されたとしましょう。この番号を使って、拡大版のスケッチで、このフレームをレンダリングし保存することができます。

出力した frameCount 値のフレームをレンダリングし保存する（Ex_2_snapshots_4）

```
void draw() {
  // スケッチの描画コード
  // ……

追加：
  if (frameCount == 108) {
    saveFrame("image-####.png");

    // オプション：スケッチのレンダリング後に終了する
    System.exit(0);
  }
}
```

このコードを実行すると、スケッチはフレームの内容を描いた後に現在の frameCount をチェックし、それが「求めている」フレーム番号 108 と等しければ、Processing はキャンバスを「image-0108.png」という画像ファイルに保存します。これで、このスケッチを実行する準備が整いました。長い長いレンダリング時間がかかります。夜通しかかるかもしれませんが、朝食をとる頃には、大きく拡大された美しいフレームを受け取ることができるでしょう。オプションで追加した System.exit(0) という行で、フレームを保存した後に実行中のスケッチを停止させています。一晩中レンダリングしていても、コンピュータをスリープモードにできるので、地球環境に少しだけ貢献できるかもしれません。

この方法は、ユーザー入力がいらないスケッチではうまく働きます。しかし本書ではマウスを多用しています。そのため、作成したスケッチが最も美しい（または最も興味深い）フレームを生成するのにマウス入力を使うかもしれません。寝ている間にこうしたフレームをレンダリングするにはどうしたらよいでしょうか。前章で述べたことに戻りましょう。あらゆる種類のインタラクションやユーザー入力はデータです。このようなデータは記録することができますし、必要であればシミュレーションすることもできます。つまり、インタラクティブなスケッチを再現したい場合でも、リアルタイムの入力は必要ないのです。次のような簡単な作例を想像してください。

マウスの位置に円を描くオリジナルコードの例

```
void setup() {
  size(400, 400);
}
void draw() {
  background(0);
  for (int i = 0; i < 20; i++) {
    ellipse(random(0, mouseX), random(0, height), 5, 5);
  }
}
```

このスケッチは、1 フレームごとに 20 個のランダムなドットを描画しますが、マウスの位置より左側のみに描画します。明らかに、このスケッチはマウス入力によって大きく変化しています。特定のマウスの位置のフレームを再現するにはどうすればよいでしょう。

最初のステップは、やはり正確な位置を取得することからです。マウスをクリックしたときに、マウスの現在位置を記録する簡単な関数をスケッチに追加します。

マウスをクリックするとマウスの現在位置を出力する（Ex_2_snapshots_5）

```
void mouseClicked() {
  // マウスの現在位置を出力する
  println(mouseX, mouseY);
}
```

キーボードのキーを押すことで frameCount を記録したように、マウスをクリックしたらマウスの x、y 座標を記録します。このデータを使って、次に追加する行でスケッチを拡張することができます。たとえば、私たちが望むマウスの水平位置は、Processing コンソールに 180 として記録されていたとしましょう。次のコードは、スケッチのウィンドウ内にマウスを動かさない限り、指定したマウスの位置でスケッチをレンダリングします。

事前に定義したマウスの位置でスケッチをレンダリングする（Ex_2_snapshots_6）

```
void setup() {
  size(400, 400);

追加：
  mouseX = 180;
}
void draw() {
  background(0);
  for(int i = 0; i < 20; i++) {
    ellipse(random(0, mouseX), random(0, height), 5, 5);
  }
}
```

これはマウスの位置に対して有効ですが、それ以外のインタラクティブな入力もあらかじめ定義したり、変数に変換してから定義することができます。次の節でも、同様の問題について説明します。ある種のリモコンで、スケッチをバックステージ化します。

5.2 コントロールのためのバックステージ化

作品をテスト、発表、展示するなどさまざまな場面で、Processing スケッチの各種設定を簡単にコントロールしたり、あちこちにある値を簡単に変更したりすることは重要なことです。ここでは、そのための 3 つの便利なツールについて説明します。1 つ目は Processing の Tweak モードの使用、2 つ目は変数による一括コントロール、3 つ目はキーボードによるバックステージ化です。

第1章から、コードで直接プロトタイプを作り、新しいアイデアを試した後、すぐにコードを実行することを提案しました。こうすることで、Processingの環境に慣れ、コードの読み書き（「コードリテラシー」ともいいます）を鍛えることができます。また、コーディングで自分のアイデアを上手に表現できるようになります。ここまでで、大きな一歩を踏み出すことができたのではないでしょうか。

作品を微調整する場面では、多くの場合、コードのあちこちにある値を変更することになります。全体的な構造やビジュアル要素を変更することはあまりありません。

5.2.1 ProcessingのTweakモード

Processingの開発者もこの問題を認識していたようで、Processingのバージョン3からTweak（微調整）モードが導入されました。Tweakモードは、スケッチのソースコード上にスライダーとカラーセレクタのレイヤーを追加し、スケッチの実行中にほとんどの値を変更できるようにします。まるで魔法のようですね。よりよいアイデアを取り入れるために、次のコードを試してみてください。

ProcessingのTweakモードのテスト（Ex_1_backstage_1）

```
void setup() {
  size(400, 400);
  colorMode(HSB);
}
void draw() {
  background(0);
  fill(80, 120, 150);
  stroke(120, 255, 150);
  strokeWeight(12);
  ellipse(50, 200, 50, 50);
}
```

Tweakモードを使用する前に、スケッチを保存しておく必要があります。保存したら、「スケッチ」メニューの「Tweak」を選択すると、Tweakモードでスケッチを実行できます。一見、いつもと変わらないように見えますが、Tweakモードではソースコードの上に小さなスライダーが表示されます。このスライダーの上にマウスを移動し、左右にドラッグしてください。実行中のスケッチの変化を観察してみましょう。たとえば、円をキャンバスの中央に配置し、円の色を明るい黄色やオレンジに変えてみてください。Processingの

Tweak モードを使えば、ものの数秒でできてしまいます。

考えてみよう **ここで興味深い疑問がわいてきます。「これもコーディングと言えるのか」と。私たちは、これもコーディングだと捉えています。Tweak モードでは、高度にインタラクティブな方法でプログラミングできているからです。**

Tweak モードで実行中のスケッチを停止すると、Processing はスライダーやカラーコントロールを使用して変更した値を保持するかどうかを訊いてきます。「Yes」ボタンで確認すると、新しい値がコードにコピーされ、その後も使えるようになります。Processing の Tweak モードは、変数に対しても機能します。次は、変数を使って何ができるかを見てみましょう。

5.2.2 変数による一括コントロール

コードの中のちょっとしたことを変更するとき、特定の効果や見た目、動作をテストするために、複数の値を同時に変更しないといけないことに気がつくことがあります。たとえば、ある図形の色が、他のビジュアル要素との関連でどのように見えるかをテストする場合です。このような場合、他の要素も調整しなければいけないことがよくあります。次の作例を確認してください。

特定の効果をテストするためのコード（Ex_2_centralcontrol_1）

```
void setup() {
  size(400, 400);
  noStroke();
}
void draw() {
  colorMode(HSB);
  background(175, 255, 10);
  fill(175, 155, 255);
  rect(200, 20, 100, 100);
  for (int i = 0; i < 20; i++) {
    fill(random(175, 200), 255, 255, 50);
    ellipse(random(0, mouseX), random(0, height), 50, 50);
  }
  fill(175, 255, 155);
  rect(20, 200, 100, 100);
}
```

今、自分の部屋の窓から外を眺めているところを想像してください。木々が見えるので、先ほどのスケッチは緑色の方がより映えるのではないかと感じたとします。この変更を素早く行うには、色の値（HSBモードなので色相の値）を4か所変更する必要があります。ここで、1か所の変更を忘れてしまうと、間違いに気づいてからその場所まで戻らなければいけません。こうした事態は、すべての色の式を一括して更新する1つの変数mainColorを使うことで回避できます。

すべての色の式を更新する変数mainColorの使用（Ex_2_centralcontrol_2）

```
void draw() {
  colorMode(HSB);
  // HSBモードで175は青、100は緑
  int mainColor = 175;
  background(mainColor, 255, 10);
  fill(mainColor, 155, 255);
  rect(200, 20, 100, 100);
  for (int i = 0; i < 20; i++) {
    fill(random(mainColor, mainColor + 25), 255, 255, 50);
    ellipse(random(0, mouseX), random(0, height), 50, 50);
  }
  fill(mainColor, 255, 155);
  rect(20, 200, 100, 100);
}
```

変更後のコードでわかるように、4か所にあった具体的な値175を変数mainColorに書き換えました。このうち3か所は単純に書き換えただけです。random()関数を使っているところでは、200の代わりにmainColor + 25の式を追加する必要があります。これで、スケッチ内のすべての色がmainColorに従うようになり、draw()関数の先頭を1か所変更するだけで調整できるようになりました。Tweakモードでも試してみてください。

5.2.3　キーボードによるバックステージ化

Tweakモードを使って、コード内の値をスライダーやコントロールにリンクさせることができました。このモードは、ビジュアル要素の探索や実験にぴったりです。おそらく、作品を披露している最中にも何らかのコントロールが必要になるでしょう。プログラムを再起動することなく、別のシナリオに切り替えたり、スケッチを素早くリセットしたりするためにです。次の方法を試してみましょう。キーボードを使ってジュアルを切り替えるにはどうすればよいでしょうか？

キーボードでビジュアルの切り替え（Ex_3_backstagekeyboard_1）

```
void setup() {
  size(400, 400);
  noStroke();
  colorMode(HSB);
  rectMode(CENTER);
}
void draw() {
  background(0);
  if (key == '1') {
    fill(50, 155, 255);
    rect(width/2, height/2, 100, 100);
  }
  else if (key == '2') {
    fill(100, 155, 255);
    ellipse(width/2, height/2, 100, 100);
  }
  else if (key == '3') {
    fill(150, 155, 255);
    rect(width/2, height/2, 100, 100);
  }
  else if (key == '4') {
    fill(200, 155, 255);
    ellipse(width/2, height/2, 100, 100);
  } else {
    fill(0, 0, 50);
    ellipse(width/2, height/2, 100, 100);
  }
}
```

この作例では、5つの状態を切り替えるとてもシンプルな方法を示しています。キー「1」「2」「3」「4」のキーを押したら4色のカラフルな図形を、それ以外のキーではデフォルトの図形を表示します。`keyPressed()` のようなキーボードハンドラは使いません。その代わり、`key` 変数をキーボードの文字と単純に比較しています。最後の `else` の部分は、すべての比較に失敗した場合（「s」などの文字キーを押した場合）、またはその時点でキーを押していない場合でも、デフォルトの図形を確実に表示するようにしています。キーボードの文字は何でも使えますが、アルファベット（「a」「b」「c」など）には大文字と小文字があるので注意が必要です。CAPS LOCK キーを誤って押してしまい、大事なデモの数分前にパニックになった学生がこれまで何人いたことか。おかしいですが、当人たちにとっては笑い事ではありません。

考えてみよう **正方形の大きさをキー操作で変えてみてください。変数を使えば、そんなに難しくありません。これまでの作例をよく見てください。**

この作例（**図5-1**）では、キーボードを使って図形と色を切り替えています。これは簡単な例に過ぎません。キーボードを使って、いろいろなものをコントロールする機能を切り替えることができますし、本書のすべての作例の切り替え可能なデモを作ることもできます。バックステージ化の最後の作例として、キーボードを使ってリセットするスケッチを作ってみましょう。

キーボードでビジュアル出力のリセット（Ex_3_backstagekeyboard_2）

```
void setup() {
  size(400, 400);
  background(0);
  noStroke();
  rectMode(CENTER);
}
void draw() {
  fill(40 + 20 * noise(0.8 - frameCount/2000.), 155, ⋯
noise(frameCount/100.) * 255, random(10, 200));
  rect(width * noise(0.2 + frameCount/100.), height * ⋯
noise(0.3 + frameCount/200.), 100, 100);
}
void keyPressed() {
  background(0);
}
```

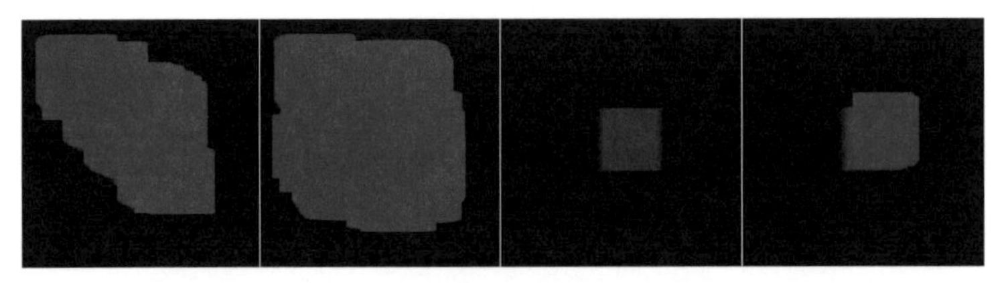

図5-1 フレームごとに描画した後に、キャンバスをリセットする方法

考えてみよう **このスケッチの特定のフレームを保存してみてください。同じフレームを複数回保存すると違って見えますか？　なぜそうなるのでしょうか？**

このスケッチは、黒いキャンバス上に緑と青の正方形を不規則に描くように、多くのランダムを使っています。キーボードハンドラ keyPressed() を使って背景を再描画することで、キャンバスをリセットすることができます。

このセクションでは、Processingスケッチのさまざまな側面をコントロールするために、ある種のバックステージ技術を使用する方法を見てきました。ProcessingのTweakモードを使って、値を直接調整することができました。Processingスケッチ全体の値を変更する一括コントロールとして変数を使用しました。そして、実行中のスケッチの動作を切り替えるためにキーボードを使いました。スケッチの上にコントロール用のグラフィカル・ユーザー・インターフェイス（GUI）要素を作成することについては触れませんでしたが、ControlP5※のようなProcessingのGUIライブラリを使えば可能です。次の節では、コードの安定性と信頼性を向上させる方法を見ることで、さらに改善していきましょう。

※ControlP5ライブラリは、Processingのライブラリ・マネージャから直接インストールできます。このライブラリのウェブサイト（https://www.sojamo.de/libraries/controlP5/）を見たり、ドキュメントを読んでみましょう。スケッチにユーザーインターフェイス要素が必要なら、このライブラリが最も手軽な方法です。最新のバージョンを使っていることを確認し、オンラインでヘルプを検索するときにもそのことを心に留めておいてください。

5.3 コードの安定化・安全化

この節でも、Processingコードの作成と実行のリアルタイムな側面を扱います。当初の設定とは違う、込み入ったプロダクション条件のもとで、コードをより安定させ信頼できるものにするためのヒントをいくつか提供します。みなさんの創作の旅で起こりうるすべての問題を解決したり解決方法を示したりはできませんが、うまくできるようになるヒントをお伝えできればと思います。

5.3.1 適切なものを適切な場所に配置する

コマ落ちしたり、レンダリングが重かったり、Processingがどんどん遅くなって最終的にクラッシュしまったことはありませんか。こうした症状はすべて、間違ったタイミング（つまり、間違ったコードの場所）で物事が行われていることを指し示しています。次のコードを見てください。

Processing スケッチの実行速度のテスト

```
void setup() {
  size(1000, 1000);
}
void draw() {
  PGraphics texture = createGraphics(1000, 1000);
  texture.beginDraw();
  texture.background(0);
  // ここでたくさん描画する
  texture.endDraw();
  tint(255, 20);
  image(texture, 0, 0);
}
```

何か気になるところはありませんか。このスケッチはみなさんのコンピュータで問題なく動作するはずですが、動作速度は想定よりもずいぶん遅いです。どうすればわかるでしょう。フレームレートを Processing のコンソールに出力して確認すればよいのです。

フレームレートを Processing コンソールに出力（Ex_1_rightplace_1）

```
void draw() {
  // 前と同じすべてのコード

追加：
  println(frameRate);
}
```

draw() 関数の最後にこの１行を追加すると、現在のフレームレートが連続して出力されるようになります。このスケッチは、毎秒 60 フレーム（60fps）で実行されるはずだったことに留意してください。みなさんのコンピュータでは、その半分のフレームレートまで落ちているかもしれません。なぜでしょう。よく見ると、draw() 関数の最初の行が怪しいことに気づきます。この行では、100 万ピクセル（1000 の 1000 倍）の新しいテクスチャのためのスペースをメモリに作成しています。これは大変な作業に見えます。この行を draw() から setup() に移動し、フレームレートがどう変わるか見てみましょう〔お使いのコンピュータによっては遅くならないかもしれません。その場合は createGraphics(10000, 10000) にしてみてください〕。

コードを書き換え、Processingのスケッチレートを高速化する（Ex_1_rightplace_2）

```
PGraphics texture;
void setup() {
  size(1000, 1000);
  texture = createGraphics(1000, 1000);
}
void draw() {
  texture.beginDraw();
  texture.background(0);
  // ここでたくさん描画する
  texture.endDraw();
  tint(255, 20);
  image(texture, 0, 0);
  println(frameRate);
}
```

このように書き換えたスケッチは、フレームレートを見てのとおり、かなり高速に動作します。つまり、createGraphics() のコードの場所を変えるだけで、大きな違いが生まれるのです。フレームレートはまだ60fpsに満たないので、万事順調とまではいきませんが、一歩前進しました。「タスクマネージャ」（Windows）や「アクティビティモニタ」（macOS）を確認すると、最初のバージョンと2つ目のバージョンのメモリ消費量に大きな違いがあることがわかるでしょう。

これを経験則として一般化するにはどうしたらよいでしょう。Processingのコマンドでcreate……やload……で始まるものは、少し負荷が高いと考えておいたほうがよいでしょう。こうしたコマンドは、メモリを確保したり、ハードディスクから画像、フォント、オーディオファイルなどのリソースを読み込んだりしているからです。非常に高速なハードディスクやSSDの時代であっても、Processingの他の処理に比べれば、これらはかなり時間がかかります。そこで、こうした関数の呼び出しや、描画準備のために一度だけ実行するものは、setup() に移動してください。こうしたコードを、draw() で実行したり、さらにまずいことに draw() の for ループで実行したりしないようにしましょう。もう一度言います。時間がかかることは、20回でも60回でも1000回でもなく、1回だけにします。そして、フレームレート（とメモリ消費量）を見て再確認します。

もうひとつ、問題になりそうな原因も見ておきましょう。最初のバージョンから2つ目のバージョンへの変更で、setup() 内の createGraphics() のために、グローバル変数の texture を作成していたことに気づきましたか。つまり、最初のバージョンではローカル変数だった texture を、2つ目のバージョンではグローバル変数の texture に変更したのです。

ちょっと待ってください、グローバル変数とローカル変数って何ですか？　これは、変数のスコープ、つまりその変数がコードのどの部分から「見える」か、という問題です。グローバル変数は、グローバルに（=プログラム全体から）見える変数です。つまり、グローバル変数はプログラムのどこからでもアクセスできます。これは最初はよさそうに思えます。しかし、アクセス可能な変数は、コードのどこからでも変更できてしまうのです。気をつけないと、すぐに複雑になることが想像できるしょう。グローバル変数のほかに、ローカル変数もあります。ご想像のとおり、ローカル変数はグローバルにはアクセスできません。ローカル変数は独自のスコープを持っています。スコープとは、変数を定義し使用できるコードの有効範囲のことです。通常、関数や for ループの中でローカル変数を使う場合、あまり注意する必要はありません。スコープの外からは見えないので、害を及ぼすことがないからです。しかし、ここで問題になることがあります。ローカル変数にグローバル変数と同じ名前をつけたらどうなるでしょうか。ローカル変数がその場所を奪い、名前を引き継いでしまいます。グローバル変数を変更しようとしても、ローカル変数だけが変更を受け取り、グローバル変数は変更されないままです。こうした問題は、コードを変更するときに、変数をローカルからグローバルに移動したのに誤ってローカル変数をそのままにしてしまったときによく起こります。Processing はこのことに文句を言ってくることはありませんが、結果はおかしくなってしまいます。そのため、先ほどのメッセージの繰り返しになりますが、コードの構造の変更には細心の注意が必要です。一歩一歩少しずつ実行し、変更後は古いコード部分がなくなっていることを確認してください。これは、前章で見てきた再構築（リファクタリング）の別の形態です。慎重にやりましょう。

5.3.2　リソースの肥大化の回避

適切なタイミングでファイルを読み込むということを本書通りにやっても、Processing がクラッシュし、メモリに関する不可解な警告を出してくることがあります。コンテンツが巨大すぎると、完全に読み込めなかったり、スムーズにレンダリングできなかったりするのです。これは、オーディオ、ビデオ、アニメーション GIF、大きな画像ファイルなどのメディアファイルにとって特に重要な注意点です。Processing はこれらのファイルを読み込む際、多くの場合、メモリ内で解凍しています（高速なアクセスと描画のため）。つまり、ハードディスク上のファイルサイズと、メモリ上の最終的なサイズは異なる可能性があるのです。ファイルの読み込み中に Processing がクラッシュしたり中断したりした場合は、ファイルサイズを確認し、サイズを小さくしたり、ファイル数を減らしたりして読み込んでみるとよいでしょう。そうすることで、問題のあるファイルを突き止め、問題を修正する方法や回避する設計を考えることができます。たとえば画像ファイルには、さまざまな解像度、ファイル形式、圧縮方式があります。解像度や画像フォーマットを変えて試してみてください。どの画像もどのみち tint() をかけて描画するスケッチの場合、24 ビットの色深度までは必要ないかもしれません。なにかしら解決策があるものです。

5.3.3　コードの構造

「私のコードはうまく構造化されていますか？」という問いには、一概に答えることはできません。むしろ、制作活動の中でそれを判断する力を養ってほしいと思います。コード品質の重要な基準として「理解しやすさ」がよく挙げられますが、これはコードを書いた瞬間や直後には評価しにくいものです。数週間後、数か月後にコードを読み返すと、当時のコンセプトがまったく思い出せないことがあります。このとき、自分のコードが自分にとって理解できるものかどうかがわかります（それでも、他の人よりも理解しやすいはずです）。

良いコードを書くための最初のヒントは、すべてのスケッチで意味のある名前の変数と関数を使用することです。「int a, b, c; float f;」といった名前をつけてはいけません。わかりますよ、後でちゃんと名前をつけるつもりだったんですよね。でも、それではダメなのです。なぜなら、コードを書けば書くほど、変数を使えば使うほど、後で修正するのに必要な労力が増えていくからです※。ですから、よい名前をつけることを習慣にしましょう。非常に短い変数名が一般に受け入れられているケースはごくわずかです。たとえば、for ループのカウンタ i、j、k や、複雑なアルゴリズムの中の配列のインデックス（添字）などです。また、空間座標を表す x、y、z も問題ありません。

※これは「技術的負債」と呼ばれるもので、基本的には、たとえばコメントをしないとか、少し壊れていたり未完成のものを放置するといった安易な判断をするたびに、ある種の負債が発生し、のちに返済しなければならなくなることを意味します。借金がどうなるかは誰でも知っています。どんどん膨らんでいくのです。

コードの品質を測るには、関数の長さと複雑さを見るという方法もあります。長く複雑な関数は、理解に悪影響を及ぼすかについて調査した研究があります。その結果は、驚くことにその通りだったのです。経験則として、関数が画面の半分以上、あるいは 10 行以上に及ぶ場合は、関数を分割するようにしましょう。もちろん、関数には意味のある名前をつけてください。複雑さについてはどうでしょうか。複雑さとは、主に if ～ else のような制御構造や、for のようなループのことを指します。ひとつの関数の中にこうした構造が多く存在し、階層が深くなればなるほど、人間の読み手がその関数の制御フローを完全に理解することは難しくなります。繰り返しになりますが、5 つから 6 つのことが何となく混ざっているのではなく、1 つのことをしっかり行う適切な名前の関数に分割することを勧めます。関数の分け方については別の考え方もあります。それは、作品の中で、関数が実行できる最も小さな意味のあるタスクを考えることです。この単位が関数にとってちょうどよい大きさで、この関数が何をしていて、その関数を使って何を構築できるかを、正確に把握することができるようになります。

Processingのスケッチ全体において、Processingの追加したタブにコードを移動するときにも、関数の分割と同じ原則を適用します。新しいタブを作るのはとても簡単で、そこにコードをカット＆ペーストすれば引き続き動作します。タブには分かりやすい名前をつけましょう。たとえば、「inputfunctions」「dataprocessing」「rendering_output」のように機能ごとに名前をつけます。また、構成部品ごとに名前をつけることもできます。「Particle」や「MemoryDot」といったクラスを使う場合は、専用のタブを用意します。そうしておけば、後でコードを探し出すのが楽になります。

コード構造は、視覚的な構造でもあります。本書のすべてのコード例をよく見てみると、非常に一貫した視覚的な構造を用いていることがわかります。関数、`if`〜`else`構造、`for`ループ、クラスでは、行頭を下げています（インデント）。インデントをつけると、コードを素早く読み取ることができます。私たちの脳は、文字を読むよりもずっと先に、形や構造を理解することができるので、整ったコードを読むのはずっと簡単なことなのです。ありがたいことに、コードを整形する機能はProcessingに内蔵されています。「編集」メニューから「自動フォーマット」を選択するか、Ctrl + T（macOSではCmd + T）を押すだけです。インスタント食品並みのお手軽なプログラミングです。

覚えておこう **助けを求めるときは、いつも前もって「自動フォーマット」を使ってください。そうしておかないと、助けを求める相手に対して失礼になります。助けてくれる人にとって、他人のコードを読むのは簡単ではなく、大きな負担だからです（特に、コメントのないコード）。**

最後にお伝えするこのヒントは、（プログラマーに話したら）ちょっと物議をかもすかもしれません。クラスを使って関数を結合するのは、カプセル化が必要なデータがある場合だけにしてください。クラス（たとえば`Particle`クラス）は、データやデータに特化した関数のためのコンテナ（容れ物）として扱います。特にプログラミング教室でクラスについて学んだ場合、クラスを使ってコードを構成したくなるかもしれませんが、その誘惑には負けないでください。みなさんの作品制作では、慎重に計画した強固な構造がなくても、速く自由に動くことができます。むしろ、構造は必要に応じて、作品とともに成長していくものです。特に、クラスの階層化を考えるのは止めておきましょう（「ネコクラスはネコ科クラスの一部で、ネコ科クラスは動物クラスの一部で、ライオンクラスはネコ科クラスの一部で……」）。それよりも美しいことについて考え、代わりにProcessingのタブを使いましょう。Processingのタブを追加し、適切な名前の関数を使えば、ほとんどのことがうまくいきます。高品質なコードは、自分の頭のよさをひけらかすためのものではないのです。

5.3.4 「車輪の再発明」をしない

よくあることですが、最初は難しく感じるような問題をProcessingで解かなければいけないことがあります。たとえば、ある曲線に沿って接線方向に線を移動させたい場合、熟練のプログラマーでも解くのに時間がかかるでしょう（幾何学と三角関数を理解し、最初の実装を試し、どんな場面でも動作し、高速かつ信頼できるものにするなどがあります）。手間を省きましょう。みなさんが直面するかもしれない問題のほとんどは、以前にも他の人が経験したことがあり、その多くはProcessingのライブラリ（関数群）でカバーされています。ここでは、「曲線に沿って接線方向に線を移動する」を試してみましょう。これは以前にも行われたことがあるはずです。Processingのリファレンスで、「curve」（曲線）と「tangent」（接線：ある点で曲線に接する直線）を検索すると、`curve()`、`curvePoint()`、`curveTangent()`という関連しそうな関数が見つかります。Processingのリファレンスは、これらの関数の使い方も紹介しています。リファレンスのコードをもとに曲線を描くための値を少し変えて、接線の使い方を変えるだけで十分です。また、この作例では、`frameCount`と余剰演算子（%）を使ってループさせています（図5-2）。

図5-2　曲線に沿って繰り返し動く線のアニメーション

frameCount と余剰演算子（%）でループの作成（Ex_2_reusecode_1）

```
void setup() {
  size(400, 400);
  noFill();
}
void draw() {
  background(0);
  stroke(255, 0, 0);
  // 点 (100, 100) から 点 (300, 300) まで曲線を描く
  // 最初の 2 つと最後の 2 つのパラメータは曲がり具合をきめるコントロールポイント
  curve(200, -400, 100, 100, 300, 300, 200, 800);
  float t = (frameCount % 200) / 200.;
  float x = curvePoint(200, 100, 300, 200, t);
  float y = curvePoint(-400, 100, 300, 800, t);
  float tx = curveTangent(200, 100, 300, 200, t) / 5.;
  float ty = curveTangent(-400, 100, 300, 800, t) / 5.;
  // 角度 (tx/ty) に応じた線の色を設定
  stroke(atan2(tx, ty) * 255, 0, 255);
  // 線を描く
  line(x - tx, y - ty, x + tx, y + ty);
}
```

考えてみよう **ここでの教訓は何でしょうか。もし Processing で圧倒的に難しい、少なくとも難しいと思われる課題に遭遇し、解決するのに何時間もかかりそうだと思ったら、もう一度よく考えてみる、ということです。すでに解決案が存在するかもしれません。**

問題を明確な言葉として書き起こし、Processing リファレンスやネットの検索エンジンで検索してください。先例にならい、先人が試したことを確認し、より正確な検索ワードに変えていきます。先ほどの作例では、「曲線に沿って動く線（a line moving next to a curve）」だけでは、「tangent」（接線）というキーワードを特定することが難しかったかもしれません。それでも、「curve」を検索すると、Processing リファレンスの curve() にたどり着き、そこから curveTangent() がリンクされているか近くにあることがわかります。

Tips **問題を言語化し考えることを繰り返していると、頭の中で新しいつながりが生まれ、思わぬ解決につながることもあります。たとえ自分の力で解決できなかったとしても、大きな学びにつながります。**

Processing のサンプルコード、またはライブラリのコードを使用するメリットは何でしょうか。まず、時間の節約になります。「車輪の再発明」をする必要がないのです。より多く

の場面をカバーし、より堅牢な、よりすぐれた機能を手に入れることができます。「あなたにはできない」と言っているわけではありません。非常に特殊な問題を自分で解決しようとすると、非常に特殊な関数の実装にたどり着き、その特殊さが他の問題を引き起こし、機能しなくなってしまうかもしれない（たいていそうなるのです！）、と言いたいのです。ですから、より一般的な実装に頼ったほうがよいのです。ほとんどの場合、ライブラリの関数はやり方がわかっている人によって開発され、他の人々によってレビューされテストされています。多くの人が関わることで、品質には大きな違いが生まれます。関わった人たちはみな、その機能を適用する必要のあるいろいろな問題を抱えています。そのため、その機能が十分に安定し、信頼できるものになっている可能性が高いのです。最後に、他の人がその関数を使ってどのように問題に取り組んでいるかを見ることで、Processingや専門用語、関数のインターフェイスについて学ぶことができます。Processingの関数とその構造にはある種の哲学があり、その考え方を知っておくと、将来の問題解決に役立つことがあります。

5.4 公開前のテスト

自宅やスタジオのセットアップの外で作品を発表するということは、未知の状況に備えて作品をあらかじめ準備しておくということです。自分のコードが、いつもと違うコンピュータで、いつもと違うスクリーンやプロジェクターを使って実行されるかもしれません。計画時には、そのための時間を確保しておいてください。大きなイベントの当日まで制作を続けないようにしてください。公開準備のために、時間が来たら制作の段階を終わらせます。これは、観客へ敬意を示し、自分の作品を大切にすることにもつながります。この節では、このような公開のためのテストと準備に焦点を当てます。

5.4.1 依存関係への対応

まず意識すべきことに、公開するときの依存関係のひとつにProcessingがあるということです。依存関係とは何でしょうか。それは、作品が実行されたり、演奏されたり、観客のために公開されたりするために必要な条件のことです。この依存関係にあるものがなければ、作品は動作しません。Processingスケッチの場合、Processingそのものが依存関係にあります。会場にあるコンピュータでProcessingを実行できることを確認する必要がありますが、それだけではありません。Processingのバージョンが同じかそれ以降であること、同様のハードウェア（プロセッサ速度やメモリ、グラフィックカード、サウンド機器）、OSなどのソフトウェアで動作することが必要です。会場のシステムが自分のシステムと似ていればいるほど、移行がうまくいくでしょう。

機能の一部を実現するためにProcessingのライブラリを使っている場合、これらのライブラリも依存関係にあります。ライブラリがなければ、コードは動作しないか、出力の質が下がります。スケッチは、複数のタブとリソースファイル（通常、スケッチフォルダのdataフォルダにある）に分かれているかもしれません。スケッチフォルダ全体をコピーすることで、これらのファイル全部が会場のシステムに転送されていることを確認してください。

Processingは、「ファイル」メニューの「アプリケーションとしてエクスポート」をすることで、実はこの移行をサポートしています。このツールは、スケッチを実行するのに必要なすべての構成部品の自己完結型のバンドルを作成します。自己完結型とは、すべての構成部品がパッケージ化され、依存関係が失われないということです。これは、あなたのプロジェクトを公開の準備が整った状態で「凍結」するのに最適です。ただし、この「凍結」状態では、会場での微調整はできなくなることに気をつけてください。そのために、ソースコードのバージョンもいつも手元に置いておくようにしましょう。

5.4.2　違いの予測

本番環境への移行は、起こりうる問題をあらかじめ想定しておくことです。ゲストアカウントの有効期限が切れている、ネットが遅いかもしれない、電源が入らないかもしれない、コンピュータにVGAビデオ出力がない、いまだにHDMIビデオ出力がない、Windowsが新しいアップデートをインストールしようとする、バッテリーが切れている、プロジェクタの赤色だけ出ない、使えるスピーカーがない、などなど。これは大変な事態です。たくさんの失敗を積み重ねるという経験をしてようやく、うまくやり遂げられるようになるのです。それでも問題は起こるでしょう。私たちのアドバイスは、しっかり考えながらも心配しすぎないことです。いつもと違うコンピュータやシステム設定に移行するとどんな問題が起きるか、考えを巡らせてみてください。スクリーンが変わったら問題が起きないでしょうか。解像度だけでなく、アスペクト比（「すみませんが、ここには正方形の投影エリアしかないんです……」）や照明の条件（「窓の真横で発表」）についても考えてみましょう。

このような課題に備えるために、たとえばバックステージ化（本章の冒頭を参照）を使って発表の準備をすることができます。アスペクト比や画面解像度の変更は、拡大縮小処理や変数（さらに投影面への色調整）を導入することで、素早く解決することができます。さらに、作品にインタラクティブなコントロールを追加することで、設営やパフォーマンスの最中に何か問題が発生しても、すぐに修正できるようにすることもできます。

コンピュータを持って旅をして、旅先で作品発表を目指す場合、気をつけるべきことがあります。作品のバックアップを取ったUSBメモリをたくさん持っていくこと。充電器や電源アダプターも含めて、自分のノートパソコンを持参すること。予備のケーブルやコネクターも忘れずに。たとえば、映像出力用のHDMIやVGAの接続や変換、オーディオインターフェイスやアンプなど音声出力用のプラグやケーブルです。

しかし、どんな技を使おうと、事前に計画を立て、コミュニケーションをとることにはかないません。相手側に期待していることを明確に伝え、細部が重要であることを意識してください。展示室と技術的なセットアップについて質問してください。可能なら、実際にスペースを訪れ、自分の目で確認しましょう。有名なロックスターのように（実際はスタッフでしょうが）、「ライダー（rider）」を書きましょう。ライダーとは、ステージなどの会場での物理的なセットアップ、必要な機材、どのような人的サポートや専門知識が必要かを詳細に記載した文書です。ここでも、うまくいかないかもしれないこと、起こりうるとんでもない間違い（運と準備次第では起こらないかも）について考えを巡らせておくとよいでしょう。最後に、展示会場と同じような機材や同じような場所を使用して準備することを考えましょう。展示会場に移動する前に、やるべきステップと解決すべき問題にあたっておけば、作品を会場に合わせたり、作品の経験を微調整したりすることに時間を割くことができます。

5.4.3　無人運用の準備

作品を展示する場合、数日、数週間、数ヶ月など、ある程度の期間設置されるかもしれません。作者がいつもそばにいて、作品を操作できるとは限りません。その代わり、インスタレーションをメンテナンスしてくれるボランティアの人や会場スタッフがいます。作者にできることは、何か問題が発生したときに、こうした人たちがインスタレーションの再起動や修理をとても簡単にできるようにすることです。結局のところ、動作していないインスタレーションに遭遇した来場者は、どんなかたちであれ、それをサポート担当者ではなく、作者であるあなたのせいだと非難するでしょう。

1時間後に起動するスクリーンセーバーが、回転するフォントで「誰々のコンピュータ」と表示したり、最悪の場合、去年の夏のプライベートな写真のスライドショーを表示したりしたら、壊れているとしか思えません。このようなちょっと恥ずかしい事態を避けるために、次の機能はオフにしておきましょう。省エネ設定、スクリーンセーバー、WiFi（ネットワークアクセスが必要でなければ）、ウイルススキャナ。コンピュータ（必要でなければマウスとキーボードも）を来場者の手の届かないところに移動し、安全を確保します。こうした事前テストはかなり簡単にできます。

数分以内に起動・再起動が可能で、立ち上げのための操作がほとんどない状態で準備しておくのが効果的です。また、一日の終わりにインスタレーションをどのようにシャットダウンする必要があるかについても考えてください。誰かが電源プラグを抜いたら、何が壊れてしまうでしょうか。誰もそんなことはしないだろうと思ってはいけません。どこにでも、清掃員や警備員、消防署員、好奇心旺盛な来場者（やその6歳のこども）がいるものです。2つ目のポイントは、インスタレーションを再起動する方法を明確にマニュアル化しておくことです。たとえば、「コンピュータを起動し、……を待ち、……をダブルクリックし、……を待ち、……が表示されていることを確認し、マウスポインタを画面の外に出す」というようにです。連絡先を記載し、万が一うまくいかなかったときに連絡がとれるようにします。うまくいけば、電話が鳴ることはなく、SNSでポジティブな反応が拡散されていることでしょう。

5.5 モバイルへの移行

ここでの「モバイル」は、モバイル端末からアクセスできる「ウェブ上のもの」を意味します。モバイルユーザーに対応するには、アプリなど他の方法もあります。しかし、アプリの開発については本書の範囲を超えています（ProcessingにはAndroidプラグインがあるので試してみてください）。

「モバイル」と「ウェブ」に話を戻します。この節を設けたのは、まったく新しいプラットフォームを紹介するためではありません。むしろ、多様な観衆に合わせてさまざまなスクリーンに作品を届けることの意味について、視野を広げることがポイントです。ギャラリー、美術館、アートセンターのような場所でのインスタレーションであっても、モバイルのウェブに移行することにはメリットがあります。コンセント、周辺機器、コンピュータにつながったスクリーンではなく、壁掛けのタブレットで作品を展示することができるからです。タブレットは、マルチタッチ入力ができ、解像度が非常に高いため、コンピュータとは異なる方法で作品を展示することができます。タブレットは、多くの会場で利用することができます。また、身近な人や遠くにいる人に、個人のスマートフォンやタブレットから作品を開いてもらうのも、作品発表のひとつの方法です。展覧会では、スマートフォンのカメラで読み取れるQRコードを提示することが多く、モバイルブラウザでその場で作品にアクセスしてもらえます。

この節では、まずモバイル用のProcessingコンテンツの一般的な構造を説明し、次にProcessingとp5.jsを切り替え、最後にコンテンツをオンラインでホスティングするのに必要なインフラについて詳しく説明します。

5.5.1 モバイル用のProcessingコンテンツの構造

Processingでスケッチを実行すると、Processingはスケッチに実行環境を提供し、スケッチはProcessingの全機能とライブラリ、ファイルシステム（たとえばdataフォルダ）、さらにスクリーンやオーディオ装置などのコンピュータリソースにアクセスできるようになります。モバイルウェブ用にProcessingスケッチを作成すると、こうしたものすべてが、訪問者（またはギャラリーの壁掛けタブレット）のウェブブラウザを通じて、何らかのかたちで提供されます。つまり、スケッチを各種のウェブブラウザで実行できるように修正する必要があるのです（コンピュータは人によってそれぞれですよね）。また、ブラウザは独自の言語とフォーマットをもっているので、それに合わせる必要があります。

作品をウェブに移行する最も簡単な方法は、ウェブページに埋め込むことです。ウェブページはHTMLというマークアップ言語で書かれていて、`<html>`や`<div>`、`<a href="codingart.com">`といったタグで構成されています。HTML構造の中には他に、スタイルを設定するCSSと呼ばれる言語と、これから使うJavaScriptという言語もよく使われています。Processingは裏側でJava言語と連携していますが、Processingのウェブ版であるp5.jsは、バックグラウンドでJavaScriptと連動しています。早速、簡単なウェブページを作ってみましょう。

ウェブブラウザでp5.jsのコードを実行するテンプレート

```
<html>
  <head>
    <script src="https://cdnjs.cloudflare.com/ajax/libs/⏎
p5.js/1.5.0/p5.js"></script>
    <script type="text/javascript">

      // ここはJavaScriptのコメントです
      //
      // p5.jsのコードを以下に貼りつけます
      //

      function setup() {
        // setup()のコード
      }
```

```
      function draw() {
        // draw() のループ
      }
    </script>
  </head>
  <body></body>
</html>
```

このコードは、次の作例のためのテンプレートになります。これは、p5.js のコードをウェブブラウザで実行するための必要最低限のコードです。コードはテキストエディタで入力します（Processing ではありません！）。OS が搭載しているテキストエディタを使うか、Sublime Text、Visual Studio Code などのエディタをダウンロードして使うことができます〔Processing の p5.js モードで書くこともできます〕。

上記のコードを入力し、ファイル名を「index.html」としてコンピュータのフォルダに保存します。このフォルダを開き、保存したファイルをダブルクリックしてください。ほとんどのコンピュータで、ウェブブラウザが起動し、空白のページが表示されるはずです。ダブルクリックしても何も開かない場合は、ファイルを右クリックして、ブラウザを選択してみてください。p5.js をサポートしているブラウザは、Firefox、Chrome、Safari などがあります。

p5.js で何か描いてみましょう。先ほどのテンプレートを使って、途中に以下のコードを入力します（`function setup() {……}` 内のコードを書き換えます）。保存したらブラウザを更新（リロード）してください。

マウスの位置を追いかける円を描画する（p5.js）

```
// 関数の定義
// (void を function に書き換える)
function setup() {
  // 関数名が違う（これまでは size() だった）
  createCanvas(640, 480);
}
function draw() {
  // 変数名が少し違う
  if (mouseIsPressed) {
    fill(0);
  } else {
    fill(255);
  }
```

```
  ellipse(mouseX, mouseY, 80, 80);
}
```

ブラウザのウィンドウ内でマウスを動かすと、円が描かれるはずです。比較のために、こちらは同じスケッチを Processing で書いたものです。

マウスの位置を追いかける円を描画する（Processing）（Ex_1_processingweb_1）

```
void setup() {
  size(640, 480);
}
void draw() {
  if (mousePressed) {
    fill(0);
  } else {
    fill(255);
  }
  ellipse(mouseX, mouseY, 80, 80);
}
```

そっくりですよね。次は、Processing と p5.js の違いと、コードを移行する方法を見ていきましょう。

5.5.2　Processing から p5.js へ

Processing のコードをどのように変更すれば p5.js を使ってウェブ上で実行できるようになるのでしょうか。以下では 4 つの側面について触れ、JavaScript のコードでブラウザ環境を参照することにします。p5.js の移行チュートリアルには、より詳細な情報があります（https://github.com/processing/p5.js/wiki/Processing-transition）。

関数：Processing の関数は、戻り値のデータ型または `void` をつけて書きました。JavaScript では、関数の頭に `function` キーワードをつける必要があります。

変数：Processing の変数は、`int position`、`float rotationDegree`、`boolean useSound` のようにデータ型を使って宣言しました。JavaScript では、変数はキーワード `var`（最新バージョンでは `let`）で宣言し、データ型は不要です。

マウスのコントロール：Processing では多くのスケッチをマウスで操作していましたが、ほとんどのモバイル環境ではマウスの代わりにタッチスクリーンをサポートしています。

p5.jsは、タッチ入力やマルチタッチを処理する変数と関数を提供しています。mouseXとmouseYに加え、touchXとtouchYがあり、タッチイベント用のハンドラも使用することができます。

関数名と変数名の違い：ブラウザ環境に対応するため、p5.jsの開発者はいくつかの関数やグローバル変数を別の名前で実装する必要がありました。たとえば、Processingのsize()関数は、同様の働きをするcreateCanvas()に名前が変更されています。また、Processingの変数mousePressedが、p5.jsではmouseIsPressedとなっているのもその一例です。こうした違いについても、p5.jsへの移行チュートリアルの情報を参照するとよいでしょう。

5.5.3　表示の微調整

このようなスケッチをブラウザで開くと、ブラウザの幅と高さを完全にカバーできない場合があることに気がつきます。p5.jsでは、ブラウザのウィンドウサイズに合わせてウェブキャンバスを調整するための変数displayWidth、displayHeightを用意しています。

ウェブキャンバスをブラウザのウィンドウ全体に拡張

```
function setup() {
  // キャンバスをブラウザ全体に広げるために変数を使う
  createCanvas(displayWidth, displayHeight);
}
```

デスクトップやモバイルのブラウザでのスケッチの表示方法について、さらに微調整を加えることができます。まず、スケッチページのタイトルは、ブラウザのタブやヘッダのバーに表示されるので、認識しやすいものに設定します。2つ目の変更は、ページ表示をデバイスに合わせて調整することです。モバイルデバイスでは、ユーザーインターフェイス要素の一部を非表示にでき、デスクトップのブラウザとは異なるスクリーンの拡大表示設定を提供しています。次の作例は、モバイル体験に適したデフォルト設定を示しています。

モバイル向けのテンプレート設定

```
<html>
  <head>
```

```
追加：
    <title>スケッチのタイトル</title>
    <meta name="viewport" content="minimal-ui, ⏎
width=device-width, initial-scale=1, maximum-scale=1, ⏎
user-scalable=no">

    // 前と同じ
```

最後に、モバイルデバイスは回転させることができるのを忘れないでください。p5.js は、回転を扱う専用のハンドラを用意しています※。このハンドラは、制作したコンテンツによっては、レイアウトを切り替えたりビジュアルをリセットするタイミングとして使えます。

※p5.js では、ユーザーがスマートフォンやタブレットを横向きから縦向きに回転させたときなど、向きが変わったときに反応することができます。このハンドラは deviceOrientation といいます。以下を参照してください。https://p5js.org/reference/#/p5/deviceOrientation

5.5.4　エラーを発見する方法

Processing では、エラーはコンソール（コードの下にある黒い部分）に赤い文字で表示されます。みなさんも一度や二度（コードの実験をしている人なら何度も）見たことがあるでしょう。p5.js のスケッチを実行するウェブブラウザでは、デフォルトではその「黒い部分」は表示されていません。しかし、それは「開発者ツール」と呼ばれているだけで、ブラウザにも存在しています。検索エンジンを使って、使用している OS、ブラウザ、ブラウザのバージョンに合わせた「開発者ツール」の有効化方法を調べてください。どこをクリックするかがわかればよいので、とても簡単です。

この隠れていたビューは、ウェブページの舞台裏で何が起こっているかを示します。どのウェブサイトでも、このウィンドウを開いて分析したり、変更したり、内部構造を組み替えたりすることができます。エラーを見つけるためは、「コンソール」ビューに切り替え、エラー（赤色）と警告（黄色）をチェックします。print() やウェブサイト上で console.log() を使ってスケッチの情報を出力すると、メッセージとしてコンソールに表示されます。

p5.js のプログラミングに使用している JavaScript はとても融通のきく言語ですが、コードは慎重に構造化し、行の終わりにセミコロンをつけ、コメントを書くように心がけましょう。これは自分のためであり、4 か月後に恥ずかしくなるようなコードを書かないようにするためです。覚えておいてほしいことがあります。いま開発者ツールを開くことができたように、これは誰でも同じことができます。もちろん自分のスケッチを載せた自分のウェブページに対してもできます。きれいなコードを書いておけば、未来の自分がきっとあなたに感謝するでしょう。

5.5.5 モバイル用に公開

作品をネットで公開するには、常時稼働し接続されているコンピュータ、つまりサーバが必要です。このコンピュータサーバを自分で動かす必要はありません（自宅から動かすことも可能ですが）。多くの場合、サーバの小さな領域を提供する無料のリソースがあるので、さしあたりこれで十分です。なお、自分でプログラミングをしているだけなら、このようなことは必要ありません。ウェブサーバが必要なのは、自分の作品を 24 時間いつでも他の人が利用できるようにしたいときだけです。

ウェブサーバに公開するということは、別のコンピュータのフォルダにアクセスし、そのフォルダにファイルをコピーするようなものです。いったんファイルを受け取ると、サーバはそのファイルを要求してきたブラウザに文字通り「サーブ（提供）」します。

ここまでの p5.js の最小限の作例では、index.html という 1 つのファイルをウェブサーバにアップロードするだけで済みました。リソースファイルや他のライブラリを含む大規模なプロジェクトの場合、ウェブサーバ経由でそうしたファイルも利用できるようにする必要があります。例として、最小限のサンプルを https://codingart-book.com のウェブサーバで公開したいので、index.html ファイルを公開フォルダ「chapter5/firstexample」にアップロードするとします。この場合、スケッチは、https://codingart-book.com/chapter5/firstexample で利用できるようになります。index.html は、ウェブサーバがフォルダにアクセスすると提供されるデフォルトのファイルなので、firstexample の後ろに index.html を書く必要はありません。このようなファイルやフォルダを作るのは難しく感じるかもしれませんが、実際にやってみれば簡単にできます。

5.6 まとめ

この章では、作品を 80%から 100%に押し上げることについて解説しました。ほとんどの場合、80%から 100%に向かうには、0%から 80%に向かうよりも多くの労力が必要です。自分のパソコンではうまくいっていたのに、別のパソコンや別の機器（プロジェクターやモバイルデバイスなど）だとうまくいかなくなることがよくあります。おそらく、アイデアをコーディングする過程では、そうした問題を考慮しなかったのでしょう。それはそれでいいのです。制作中は、発表時の制約に縛られることなく、創造性を発揮してください。プロジェクトがうまく進んで本番を迎えると、新たな状況や文脈に応じてコードを書き換える必要が出てくるかもしれません。でも、コンセプトもこれまでのコードも悪くありません。自信を持ってください。

異なる状況で作品を発表する場合、プロトタイピングとは別のレベルの信頼性が要求されます。アイデア、コード、プロダクションを、もはやプロトタイプとしてではなく、大きな視点で考える必要があるのです。伝統的なアートやデザインに比べ、コンピュテーションによる制作は、技術的な困難に数多くぶつかることが予想されます。制作のプロセスを通じて、自分のアイデアと基礎となる技術の間のバランスを見極める必要があります。繊細なアイデアやコンセプトを守り抜く一方で、技術を複雑にしすぎて不安定にしてはいけません。この章では、安心して創造的な一歩を大胆に踏み出せるように、制作のステップを説明しました。このステップでは、作品を育てるところから花開かせ輝かせるところへと進みました。

この章に掲載している作例やコツ、ヒントのほとんどは、これまでのプロジェクトやワークショップ、さまざまな年代の学生への Processing の指導から得られた経験や教訓によるものです。この章では、私たちが考えうるすべてのトピックを網羅しているわけではありませんし、紹介したアプローチがすべてのケースで最適であるとも限りません。私たちは、デザインやアートには確固たるレシピやモデルは存在しないと考えています。自分自身の判断が必要で、そのやり方は徐々に身についていくものです。さて、それでは実際にはどのような手順で進めていくのでしょうか。次の章で、私たちの作品例《MOUNTROTHKO》についてお読みください。もしうまくいかないことがあったら、本書の第３部を見てください。では、作品例解説に続きます。

第2部

作品例《MOUNTROTHKO》

第6章 着想

本書の第2部では、第1部で紹介した多くの側面を応用した大規模な作品例を扱います。ここでは著者ユ（Yu）の作品のひとつである《MOUNTROTHKO》（2018）をとりあげます。私たちも、本書の内容を実践しているのだということをしっかりお伝えしておきたいと思います。まず、コンセプトとビジュアルの作例を示します。次に、この作例と密接に関連した、制作プロセスの4つのステップを進めていきます。これまでに紹介した多くの側面が実感できるはずです。私たちは《MOUNTROTHKO》の制作プロセスを、最初の段階から紐解いていきます。始める前に、もう少し背景を説明しましょう。

《MOUNTROTHKO》は、2017年初頭から2018年8月にかけて制作した3つの連作の2作目にあたります。この3つの作品では、3人の画家の作品にインタラクティブな技術をどのように取り入れるか、さまざまな手法で検討しました。《notMONDRIAN》はピート・モンドリアン（Piet Mondrian）の作品、《MOUNTROTHKO》はマーク・ロスコ（Mark Rothko）の作品、《The False MAGRITTE》はルネ・マグリット（René Magritte）の作品から着想を得ています。《MOUNTROTHKO》は、2017年末から2018年初めにかけて制作しました。

最終的に《MOUNTROTHKO》の作品全体は、プリントした作品集（**図6-1**）とインタラクティブ・インスタレーション（**図6-2**）として発表しました。プリントは、「昼」「正午」「夜」の3つのシナリオから選んだフレームを使いました。インタラクティブ・インスタレーションは、6.5 × 8 × 4 m の空間に 3 × 2.5 m の投影面と、動きと音を検知する装置を設置しました。

このプロジェクトでは、ユがアーティストとして指揮をとり、マティアス（Mathias）が複雑なプログラミング構造、アニメーション、そして最終的にはリアルタイムのインタラクションを可能にする最適化ステップの専門家として活動しました。以下では、このプロジェクトとプロセスについて、私たちのチームの視点から説明します。

図 6-1 《MOUNTROTHKO》の 3 つのシナリオ「昼」「正午」「夜」から選んだ 12 枚のフレーム

図 6-2 インタラクティブ・インスタレーションは 3 × 2.5 m の投影面のある 6.5 × 8 × 4 m のスペースに設置した

6.1 背景と出発点

2014年、オランダのヘメーンテ美術館（当時）で開催されたロスコ展[11]を訪れました。オリヴァー・ウィック（Oliver Wick）はロスコの作品の視覚体験について「敷居に立つ感覚、あるいは空間に手を伸ばす感覚」[22]だと捉えています。ユはここでの体験を次のように表現しています。「そびえ立つ巨大なスケールの絵画には、渾沌としているが大きく純粋な色彩のブロックが積み重なっている。ブロックの輪郭はにじんでいてはっきりとわからない。それは、『楽しい』『面白い』『嬉しい』といった言葉でも、『素晴らしい』『意味深い』といった抽象的でオープンな言葉でも表現できないものだった。色とりどりのカーニバルのように、楽しい気持ちにさせてくれるものではなかった。むしろ、感傷的で詩的な感覚へとすっと引き込まれそうになる」。さらに、こう述べています。「知っているもので位置づけられた言語のひだのなかにいるような感覚。ロスコの作品の前に立ち、何時間も見つめていると、周囲の環境がぼやけて流れていくように見える。川の流れのような、という比喩的な表現ではとらえられない、もっと小さな物憂げなちりの粒子が漂っている空気のようで、目には見えないが、ちりの粒子ひとつひとつが身体に当たってはまた跳ね返ってくるという微かな触感がある。全体が生きているような体験だった」。私たちにとって、この第一印象は忘れられないものになりました。

《MOUNTROTHKO》の作品制作をスタートしたとき、ロスコの展覧会を訪れてから3年近く経っていました。私たちは、マーク・ロスコの作品に着想を得てから、「スローなインタラクション」、つまり来場者が自らの体験に深く入り込めるような作品の設計方法を模索していました。「スローなインタラクション」とは、作品にゆっくりとズームインし、インタラクションを通じて微細なフィードバックループを徐々に発見していく、というコンセプトです。そうすることで、来場者が作品を理解し楽しめる、たくさんの選択肢、視点、空間、時間を提供できるように体験を設計できます。デン・ハーグでロスコの絵画を見たときのことを思い出しながら、ロスコの「偽りのない沈黙（accurate silence）」[13]という力強いコンセプトを、インタラクティブでデジタルな体験として再現できないかと考えました。私たちにとって《MOUNTROTHKO》は、静的・動的な視覚的レイヤーの中に優美さを発見してもらい、ある種のフロー状態に没入してもらう瞬間を提供するためのものでした。

6.2 コンセプトと作品

《MOUNTROTHKO》は、20 世紀半ばにマーク・ロスコが探求した特徴的な絵画技法やスタイルにとどまらない、ロスコの「抽象的な構図における奥行きの感覚」(https://www.tate.org.uk/art/artworks/rothko-black-on-maroon-t01031) からスタートしました。ロスコは、シンプルなビジュアル要素を異なるレイヤーに配置していたことがわかりました。そのため、鑑賞者の観賞体験は複雑なものになりました。なぜなら、重なり合う複数のレイヤーにシンプルなビジュアルが描かれ構成されていたからです。この原理は、《MOUNTROTHKO》においても、ビジュアル要素の奥行きや、作品とインタラクションせずただ観賞したときのほとんど検出できないダイナミクスに現れています。

ロスコの視覚的なフォルムをそのまま再現するのではなく、3 つの山が連なるという自然のモチーフに目を向け、奥行きをもたせました。「山」は特徴的な形をしていて、視覚的な重力をもっています。一方、中国の伝統的な絵画における遠景の山々には、遠方、無感覚、静寂の意味があり、周りに与える無尽蔵の力という意味もあります。《MOUNTROTHKO》では、山脈は霧の層によって覆われ、さらなる奥行きを生み出しています。霧の層は、実際の気象現象のように、上下に動いたり濃さが変わったりします。前景はキャンバス全体に雲や渦を描いていますが、ドットではなく複雑に組み合わせた図形で表現されたパーティクルで描いています。パーティクルは何層もの奥行きをもって描き、風や重力にダイナミックに反応し、作品の豊かな前景を作り出しています。このパーティクルによって、たとえ来場者がいないときでも、制止しているはずの作品が時間とともに変化していくのです。

来場者がインスタレーション空間に入ると同時に、来場者の動きと空間に発生した環境音に作品が反応します。この作品の最初のインタラクティブな部分は、視線を山脈に向かわせ、来場者が見ている時間を一日〔この作品のシナリオの一日〕を通して移動しています。展示空間内の来場者の水平方向の動きは Kinect でトラッキングしています。作品は、「昼」「正午」「夜」の 3 つのシナリオがあり、来場者の位置によって、視覚的な構成や色彩表現を変化させています。主なアイデアは、山の造形と光、パーティクルの関係を、動的な視点と静的な視点から探るというものです。各シナリオでは、色彩、レイヤー、形状の構成に注意を払っています。2 つ目のインタラクションの側面は、インスタレーション空間の環境音によるものです。展示空間内の音やノイズの平均的な大きさを利用して、パーティクルの水平方向の動きをコントロールしました。音が大きくなると、パーティクルはデジタルキャンバスの表面からよりダイナミックに浮遊します。

どちらのインタラクションでも、来場者のインタラクションから作品が反応するまでの時間を遅くし、視覚的なダイナミクスもあえて遅らせることで、インスタレーション全体を環境として感じてもらうようにしています。インタラクションでは、観客とダイナミックなパーティクルが相互作用し、遠くの山脈に視線を移すように強調しました。それでも、「スローなインタラクション」によって、来場者は、時間が経つにつれて解きほぐされていくような感覚をじんわりと体験することになります。

第7章 | アイデアから完成まで

目に見えるものから離れて少し抽象化すると、《MOUNTROTHKO》の全体コンセプトは、静的なもの（中心となるテーマである山脈）、動的なもの（パーティクル）、インタラクティブなもの（来場者の動きのトラッキング、サウンド処理、それに対応する視覚的な動作）、パラメトリックなもの（インタラクションとレンダリングの設定に応じた複雑な色彩設計）に分けることもできます。この章では、《MOUNTROTHKO》のこうしたさまざまな側面について説明します。

《MOUNTROTHKO》の制作にあたっては、本書の第1部で紹介した「アイデアのビジュアル化」「構図と構造」「洗練と深化」「完成とプロダクション」というステップを踏んでいます。その各ステップは、《MOUNTROTHKO》のコードで表現されています。私たちはコードを分解したり特定の部分にズームしたりして、たどってきたステップを説明することにしました。ただし、インスタレーションのコード全体を網羅しているわけではありません。

7.1 アイデアのビジュアル化

このステップは、思考、感覚、感情や、その組み合わせ以外には何もないところから始まります。繊細で壊れやすいものを、ゆっくりと具体的な形にしていく必要があります。スケッチやテキストで表現することもできましたが、私たちは最初のアイデアやコンセプトを、Processingのキャンバスにビジュアル要素を描いて表現することにしました。こうすることで、クリエイティブコーディングにしか生み出せない、特有の美しさに向かっていくことができました。こうして、アイデアのベースとなるコード表現として、最後まで残る「もの」、作品の核が見つかりました。

アイデアを固めていくときは、さまざまなアプローチをとることができます。スケッチ、絵、映像、模型、テキスト、口頭での表現などが、最初の着想からアイデアを明確にするためによく使われます。初期のアイデアを口に出し、誰かに聞いてもらってフィードバックを返してもらうのもよいでしょう。

最初に書いたように、マーク・ロスコ展を訪れた経験が《MOUNTROTHKO》の着想につながりました。私たちはまず、さらなるインスピレーションや関連するコンセプト、参考文献などを探すことから始めました。このアーティストとその作品を深く理解するための第一歩として、ロスコの作品をリサーチしました。彼の絵画技法[14]、伝記的な記述[15,16,17,18]、美術批評家や研究者によるインタビューや解釈[19]など、学術的・実践的な観点から検討しました[20,21]。その結果、ロスコの「偽りのない沈黙」[13]という概念が浮かび上がり、作品の原案として採用しました。それは、ダイナミックでインタラクティブな作品によって「偽りのない沈黙」を体験するというものです。具体的には、「彼が環境として捉えていた正方形」[22]の動的なフレームを作ろうとしたのです。その出発点として、私たちは《MOUNTROTHKO》で目指すものを、形と色の相互作用を捉えたビジュアル要素のレイヤーがおぼろげに構成されるものとしました。これがどのように機能したかを見てみましょう。

私たちは、紙やグラフィックソフトウェアにスケッチを描くことから始めることはしませんでした。その代わり、最初のアイデアをいきなりコードでスケッチしました。まず、ベースとなる色の色調を変えた長方形をランダムに配置し、幅と高さを変化させることから始めました。マウスの位置の水平座標をマッピングすることで、長方形の配置と混色方法を少しコントロールできるようにしました。最後に、BLURフィルタを適用し、複数の要素を同じ平面上に視覚的に融合させました（**図7-1**）。

ベースカラーのさまざまな色調で描く、インタラクティブでぼやけた長方形

```
rect(100, y, 200, 50 + mouseX);
// 黄色から赤にかけての範囲の中でランダムに選ばれた色で塗りつぶす
fill(random(224, 250), random(150, 166), random(86, 135));
// 最後に強いぼかしフィルタをかける
filter(BLUR, 20);
```

このパターンを、forループやdraw()関数などで何度か実行し、複数のレイヤーを作りました（**図7-2**）。その後、塗りの色に透明度（4つ目のパラメータ）を導入し、要素を上下方向にのみ変化させ（**図7-3**）、幅や高さを全体に広げるようにしました。カラーテーマ（黄色～赤色系、青色～赤色系）を変えてみたり、Processingで要素を描く順番を変えてみたりしました。組み合わせによっては、構成がはっきりしすぎているものもありましたが、すでに複雑な色の境界や興味深いグラデーションを見せているものもありました。何度か繰り返すと、そこに「山霧」のビジュアル要素が現れました！（**図7-4**）

意外に思われるかもしれませんが、「山脈」というビジュアル要素は初めからあったのではなく、ずっと後になってから生まれたものです。進化する霧の中のひとつの構成要素として現れ、それを取り出して象徴的な形に変えていったのです。この点については、次の節でさらに何度か繰り返した後に説明することにします。

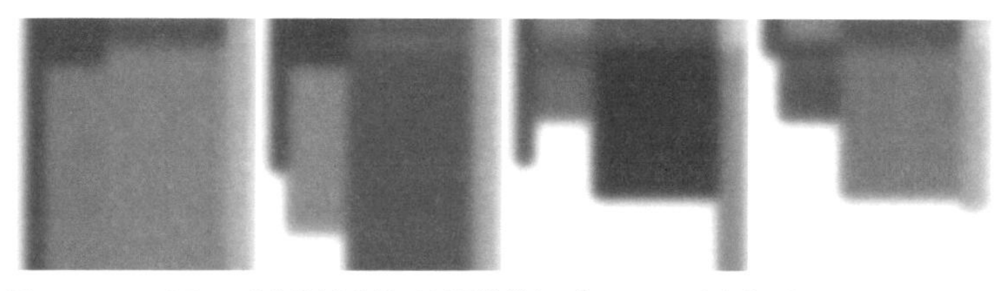

図 7-1 ベースカラーのさまざまな色調で長方形を描き、ぼかしフィルタを適用する

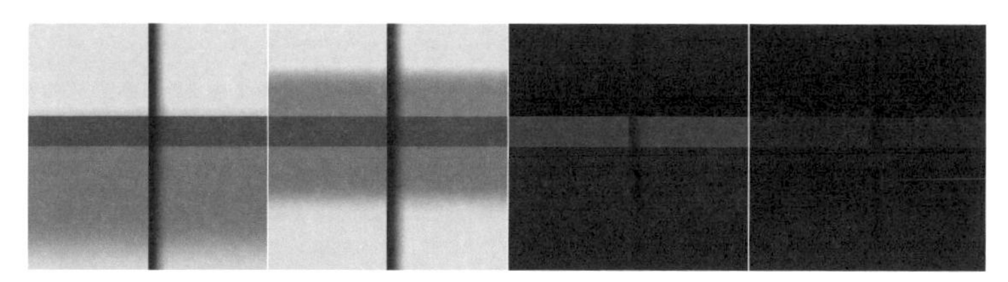

図 7-2 ループ機能を使って、複数のレイヤーを作る

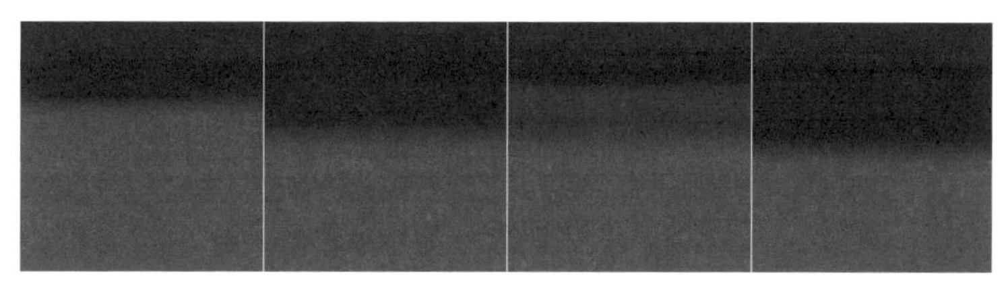

図 7-3 色に透明度を導入して、要素を縦方向に変化させる

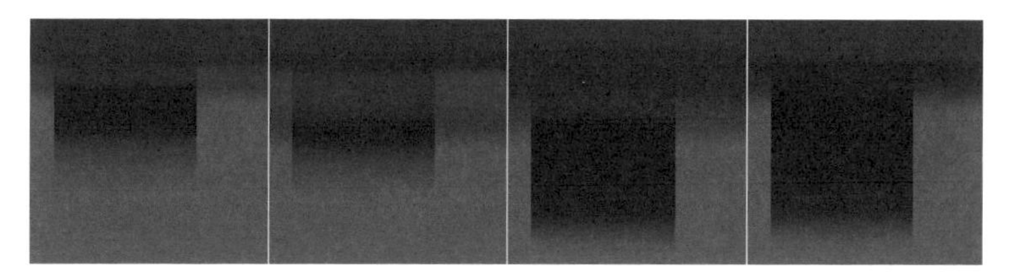

図 7-4 透明度とぼかし効果を変化させ、ビジュアルに「山霧」を発生させる

7.2 構図と構造

構図と構造は、コードにおける初期の成果を洗練させるのに役立つと第１部で説明しました。構図とは、キャンバス上の要素間の視覚的関係という意味で、複数のビジュアル要素をコード化し、それらを配置することで浮かび上がるものです。これは、アイデアと、それを形や色で表現することの間をつなげるプロセスです。《MOUNTROTHKO》におけるア

イデアをコード化するプロセスは、前のステップのビジュアル要素を引き継ぎ、その要素をさまざまな方法で組み合わせることで続いていきました。

7.2.1 構図：霧

これまでのところ、探求してきた最初で唯一の要素が「霧」です。長方形をメインの視覚的要素として使い、共通の色のバリエーションを作りながら、ぼやけた形状のレイヤーの作成を繰り返し行いました。その次の反復では、キャンバスの上端から降りてきて、強い単色の背景の上に浮遊するビジュアル要素として、霧に注目しました。それぞれの長方形をさまざまなレベルでぼかすことで、より強い色の拡散効果や、透明度とぼかしの間の緊張関係を作り出しました。さらに、さまざまな組み合わせを試すために、frameCount変数でいくつかのパラメータをコントロールすることで、スローアニメーションを導入しました。これは本書でも以前シンプルなアニメーションを作成するときに使ったテクニックです。

この時点で、これ以上の進展が難しいことに気づかされました。Processingで大きくぼやけた図形を複数レンダリングするのは時間がかかるからです。BLURフィルタは1ピクセルごとに処理する必要があり、Processingでは時間がかかります。しかし、私たちは縦方向のぼかしにしか関心がなく、キャンバスの左右の端まで伸びている四角形の左右のエッジはどのみち隠れてしまいます。そこで、レンダリングとプロトタイピングを高速にできるようにするために、ちょっとした仕掛けを施しました。ぼかした長方形を、幅わずか5ピクセルのとても細長い別の画像キャンバスblurに描き、それをimage()で描画し、キャンバスの幅（width）いっぱいに引き伸ばしたのです。

プロトタイピングを高速化するためのBLURフィルタのスピード最適化

```
// コントロール用の変数
float y = 200;
// とても細長い、別の画像用キャンバスを定義する
PGraphics blur = createGraphics(5, 1000);

// 画像キャンバスに描画する
blur.beginDraw();
blur.smooth();
blur.noStroke();
blur.fill(149, 51, 122, 200);
// このぼかした図形をアニメーション化するために変数yを使う
blur.rect(0, y, blur.width, y/2.);
```

```
// ぼかすときにも変数 y を使う
blur.filter(BLUR, map(y, 0, height, 2, 50));
blur.endDraw();

// 画像キャンバスを幅いっぱいに引き伸ばして描画する
image(blur, 0, 0, width, 1000);
```

この仕掛けを使うと、レンダリング速度をあまり落とすことなく、なめらかなグラデーションを作り、実験したり変数を微調整したりできます。個々の長方形は特定の半透明色で塗られ、ぼかし具合は変数 y によって変わります。この視覚的構成を試したところ、アイデアとの関連性がより強くなりました。ロスコの「偽りのない沈黙」という概念に根ざしたこの段階で、私たちの求めていた拡散的で死んだように静かな芸術的概念とビジュアルが結びついたのです。霧を離れて、次の視覚的なレイヤーである山脈に移りましょう。

7.2.2 構図：山脈の作成

私たちのコンセプトでは、優美でおぼろげな霧と対をなすような、重厚な要素が必要でした。そこで、まず最初に考えられる図形を想像し、それを Processing のキャンバスに描きました。最初のアイデアのひとつは、長方形をそのまま 45 度回転させるというものでした。はじめは 1 つの山でしたが、すぐに 3 つの山を別々のレイヤーで奥から手前に描く構成に移行しました。3 つの山は、基準となる元の長方形は同じで、コンセプト（奥行き方向の位置と被写界深度）に応じて形や色を少しずつ変えています。

3 つの山は奥から手前の順にコーディングしました。山も画像キャンバス（rect() ではなく image()）を使用したので、必要に応じて塗りの色に細かいグラデーションをつけられるようになりました。山々は、それぞれ独自の座標変換（translate()、rotate()、scale() を使用）で回転させた長方形として描きました（図 7-5）。

図 7-5 「山霧」の作成。山霧は、キャンバスの上端から降りてくるビジュアル要素として、単一色で塗りこめられた背景の手前に浮遊する

3 つの山を奥から手前に描く

```
// 右奥の山
pushMatrix();
translate(300, 0);
rotate(radians(45));
scale(2);
image(mountain3, 100, 0, width-400, 3000-400);
popMatrix();

// 左奥の山を描画する
pushMatrix();
translate(300, 0);
rotate(radians(45));
image(mountain2, 0, 160, 280, 1300);
popMatrix();

// 手前の山を描画する
pushMatrix();
translate(width-300, 0);
rotate(radians(45));
image(mountain1, 0, 0, 3000, 3000-400);
popMatrix();
```

Tips この作品に登場する要素の配置やサイズは、試行錯誤を通じて発見されたものがほとんどであることに注意してください。うまくいく値の組み合わせにどうやってたどり着いたのか、説明できないこともあります。これこそが、コードでのアイデア出しを素早く行い、何度も反復すべき理由のひとつです。いろいろなことに挑戦することで、「偶然の出会い」を引き寄せたいのです。

それぞれの山の位置関係を見ると、試行した回数がおよそ見えてくると思います。山の彩色についてはこのコードには入っていませんが、霧と同じように細かく調整しました。その結果、色や要素、物語性の緊張感という点で、納得のいく重層的な構成に仕上がりました。ただ、この時点でもまだやるべきことはたくさんありました。

7.2.3　構造：パーティクルの作成

舞台上の静寂を引き立たせるために動きをつけるという中国の演劇手法に習って、繊細な動きを取り入れようと考えました。まず試したのが、雪のようなパーティクルの前景です。はじめはランダムに配置し、フレームごとにちらついていたので、より構造化することにしました。そこで、パーティクルの座標を PVector オブジェクトにしました。各 PVector

のx、y座標はキャンバス上の描画位置として、z座標はパーティクルの垂直方向のスピードとして使用しました。

まず、パーティクルの座標群をPVector型の配列として作成し、データを構造化しました。任意の数のパーティクルから始めて、画面上で動作するパーティクルの数を変えながら、シーン全体にどうマッチするかを確認することができました。これまでの作例と同様に、setup()関数で座標をランダムに初期化し、draw()関数でパーティクルを描画しました。

パーティクルをグループとして描画

```
PVector[] positions = new PVector[140];
void setup() {
  // スケッチの他の部分を初期化する
  // ……
  for (int i = 0; i < 140; i++) {
    positions[i] = new PVector(random(100, width-350), ⋯
random(100, 300), (i % 2 == 0 ? random(1, 3) : ⋯
random(-3, -1)));
  }
}
void draw() {
  // スケッチの他の部分（山、霧）をさきに描画する
  //……
  for (int i = 0; i < 140; i++) {
    // z座標によって上向きか下向きの動きを加える
    positions[i].y += positions[i].z;
    // パーティクルがキャンバスの上下から出たら向きを変える
    if (positions[i].y > 600 || positions[i].y < 100) {
      positions[i].z *= -1;
    }

    pushMatrix();
    // パーティクル座標を平行移動する
    translate(positions[i].x, positions[i].y);
    // パーティクル画像を描画する
    image(light, 0, 0, 40, 45);
    popMatrix();
  }
}
```

このコードを追加するだけで、キャンバス上の特定の領域に数百個（ここでは140個）のパーティクルを描き、ほどよくランダムな感じに浮遊させることができました（パーティクルの半分は上向きに、残りの半分は下向きに浮遊します）。最初の上下動の方向は、setup()

関数の中で一見やや難しそうな式で決めています。この式(i % 2 == 0 ? random(1, 3) : random(-3, -1)) を簡単に解説してみましょう。この式は、1から3までのランダムな値、または -3から -1までのランダムな値を生成します。どちらになるかは、i % 2 == 0という条件によって変わります。この条件式は、i の2の余剰が0になるかどうかをチェックしています。以前見たように、余剰演算は割り算の余りを返し、「2の余剰」の場合は0か1のどちらかになります。つまりこの条件式は、偶数番目のパーティクルなら下向き(random(1, 3)) に、奇数番目のパーティクルなら上向き (random(-3, -1)) に浮遊させるために、ちょうど必要なものだったのです。

この作例では、《MOUNTROTHKO》で個々のパーティクルの形状をどう描くかの部分が抜けていました。円形から始めて、最終的に「小さな月」のような形に決めました。これは、BLUR フィルタをかけた短い曲線でできています。この形状をいったん画像キャンバスに描画しておき、各座標にあるパーティクルごとに、このキャンバスを描きました。

パーティクルの形状を描画

```
PGraphics light = createGraphics(200, 200);
light.beginDraw();
light.smooth();
light.noFill();
light.stroke(255);
light.strokeWeight(8);
light.arc(100, 100, 50, 50, HALF_PI, PI);
light.filter(BLUR, 5);
light.endDraw();
```

この結果、新たなレイヤーができあがりました。シンプルな個々の形が、ゆっくりと上か下に動いていて、キャンバスから抜けると向きを変えるというランダムな構造をもっています。ここまでで、さまざまな形状のレイヤーをいくつかプログラムしてきました。霧やパーティクルのレイヤーは動的でゆっくりと動き、山のレイヤーは静的です。

重要なのは、《MOUNTROTHKO》の開発コンセプトに合うまで、Processing でテストを重ね、小さなステップでプログラムしたことです。

7.3　洗練と深化

本書の第１部で「洗練と深化」について書いたのは、それまでのステップの結果から、コンセプトをより納得のいく表現へと近づけていくステップがあることを学んだからです。完璧とまではいかなくても、誇りと自信を持って人に見せられるようなものを目指しました。どうして完璧ではないのかって？　「完璧」というのは、「良いもの」から「さらに良いもの」への道のりの果てにあり、その道のりは（永遠ではないにしても）あまりにも長く続くものだからです。《MOUNTROTHKO》の場合、全体的な構成や、作品のさまざまな部分やレイヤーがどのようにフィットし、作用しているかについては、すでにかなり満足していました。しかし、もっと洗練させ、深みを持たせるべき点はたくさんありました。

前節の最後に登場したパーティクルは、わずかな人工物感によって見る人の注意をそらさないように、有機的な感じとバリエーションを作る必要がありました。また、インタラクションや相互作用を通じて、来場者に反応するような作品にしたいと考えました。

7.3.1　洗練：パーティクル形状の再検討

以前は、パーティクルは異なる位置に同じように描かれ、別々の速度で動いていました。形状も比較的単純でした。そこでまず、各パーティクルを２つの円弧を組み合わせて描画するように変更しました。２つの円弧を真横に並べたところ、鳥のような形になりました。この形状は、《MOUNTROTHKO》の「正午」のシナリオで見ることができます（図7-6）。

図7-6　《MOUNTROTHKO》のシナリオ「正午」の鳥のようなパーティクル

2つの円弧を組み合わせ、パーティクル形状を変更

```
light.arc(170, 100, 100, 100, PI+QUARTERPI, PI+HALFPI);
light.arc(100, 100, 100, 100, ⋯
PI+HALFPI, PI+HALFPI+QUARTER_PI);
```

次の改良点は、サイズと透明度が違う5種類のパーティクルを事前に描画しておくことです。しかし、その前に、パーティクルの座標をどのように作成していたかを紹介しておきます（少し簡略化しています）。

パーティクルの位置の作成

従来版：
```
positions[i] = new PVector(random(100, width-350), ⋯
random(100, 300), (i % 2 == 0 ? random(1, 3) : ⋯
random(-3, -1)));
```

改良版：
```
positions[i] = new PVector(random(100, width-350), ⋯
random(100, 300), random(1, 3));
```

余剰でチェックすることをやめて、パーティクルにランダムな正のz座標を与えました。ほんの少しの変更で、すべてのパーティクルがゆっくりと下に落ちるようになりました。パーティクルのバリエーションに話を戻します。スケッチが`draw()`を実行する前、`setup()`関数で透明な背景に5種類のパーティクル画像を描いておきます。この5種類にはBLURを使っていることもあり、画像としてレンダリングしておく必要がありました。何百個ものパーティクルを描画し、毎フレームぼかしていたら、適切なフレームレートが得られず、とても遅くなってしまいます。シーンを描画する際、すべてのパーティクルのz座標をチェックし、5種類のうち1つを選択して描画します。この選択は、次のコード（**図7-7**）の下の部分で見ることができます。

図7-7 《MOUNTROTHKO》のシナリオ「夜」のパーティクル

パーティクルの動きのさらなるコントロール

```
// 短く書けるので for ループの書き方を変えている
for (PVector pos : positions) {
  // パーティクルを下向きに移動する
  pos.y += abs(pos.z);
  // パーティクルがキャンバスから抜けたら位置をリセットする
  if (pos.x > width)
    pos.x = -25;
  if (pos.x < -30)
    pos.x = width + 30;
  if (pos.y > height)
    pos.y = random(-1000, -30);

  // パーティクルの位置へ移動する
  pushMatrix();
  translate(pos.x, pos.y);
  // 垂直位置を基準に回転する
  rotate(radians(map(pos.y, 0, height, 0, 180)));
  // z 座標に応じたサイズを算出する
  float scaler = pos.z * 25;
  // サイズに応じて再度さらに回転する
  rotate(radians(map(scaler, 10, 35, 0, 360)));

  // z 座標に応じて描画する画像を選択する
  if (abs(pos.z) < 0.1)
    image(light5, 0, 0, 10 + scaler, 15 + scaler);
  else if (abs(pos.z) < 0.15)
    image(light4, 0, 0, 10 + scaler, 15 + scaler);
  else if (abs(pos.z) < 0.2)
    image(light3, 0, 0, 10 + scaler, 15 + scaler);
  else if (abs(pos.z) < 0.3)
    image(light2, 0, 0, 10 + scaler, 15 + scaler);
  else
    image(light1, 0, 0, 10 + scaler, 15 + scaler);
  popMatrix();
}
```

Tips ここでは、`positions` 内のすべての `PVector` を通過する新しいタイプの `for` ループを使っています。この書き方ではカウンタ変数 `i` を必要としないので、より短く簡潔に書けます。

このコードでは、いくつかのことが同時に起こっています。まず、パーティクルがキャンバスから抜けているかどうかを調べ、抜けていた場合は反対側に移動させています。次に、パーティクルを垂直方向の位置に応じて回転させています（最初の `rotate()` の呼び出しを参照)。こうすることで、パーティクルがゆっくりと下に転がっていくような効果が得られます。scalerの値を計算し、各パーティクルを回転させるために使い、先ほど説明したようにどれかの画像を選んで、異なるサイズで描画します。すべての変化はパーティクルのz座標によって変わるため、結果としてある種の「被写界深度」効果を持つ非常に自然に見える構成ができました。まとめると、5種類のパーティクル画像を追加し、パーティクルのz座標に応じて異なるサイズと向きで描画するようにしました(図7-8)。

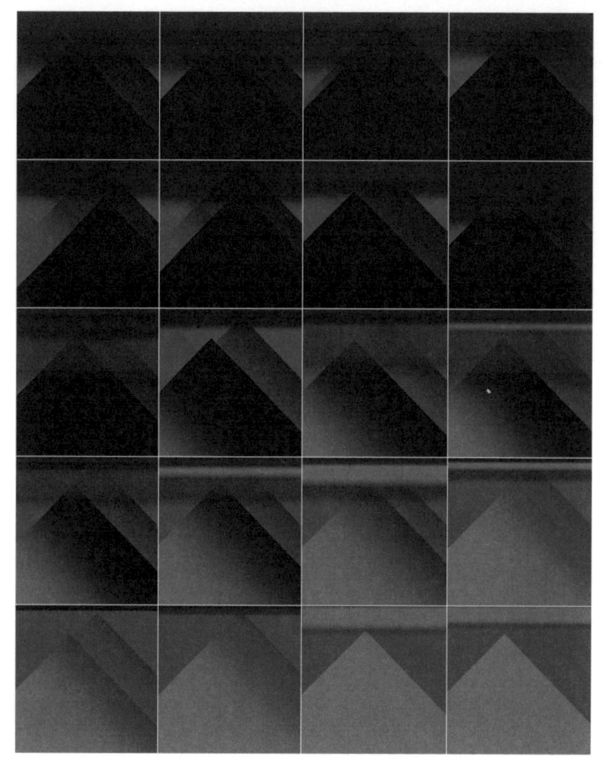

図7-8　1つのシーンにおける構図の20パターン

7.3.2　深化:インタラクションの追加

改良のための2つ目のステップは、スケッチにインタラクションを追加し、来場者が作品のダイナミクスに影響を与えることができるようにすることでした。

インタラクションの最初の側面は、接続したマイクで録音できる環境音に関するものでした(ほとんどのノートパソコンやデスクトップパソコンは、最初からマイクをサポートしています)。この音量を、漂っているパーティクルの水平方向の動きに影響させるために利用しようと考えました。環境音が大きければ、パーティクルはキャンバスから速く「吹き飛ばされ」、静かな環境であれば、パーティクルは乱れることなく流れ落ちていくようにします。以下では、音を録音して処理する方法を説明し、次に音の大きさがビジュアルにどのような影響を与えるかを説明します。まず、システムのサウンド入力にアクセスできるように、Minimライブラリ※を追加しました。

※Minimライブラリは、音の入出力、音声処理、合成ができます。Processingのライブラリマネージャから直接インストールできます。基本的な機能をよく説明しているサンプルを見るのをお勧めします。

Minimライブラリを読み込み、音声入力をインタラクティブに使用する

```
// オーディオライブラリ
import ddf.minim.*;

// オーディオ入力オブジェクト
AudioInput in;
// コントロール変数
float controlSnow = 0;

void setup() {
  // その他のセットアップコード
  // ……
  // サウンドの初期化
  Minim minim = new Minim(this);
  in = minim.getLineIn();
}
```

このように初期化すると、各フレームでサウンド入力を処理できるようになります。つまり、draw()から関数processSound()を呼び出せるということです。

各フレームでサウンドを処理する(draw()から呼び出す)

```
void processSound() {
  // サウンド全体の音量を計算する float sum = 0;
  for (int i = 0; i < in.bufferSize() - 1; i++) {
    sum += abs(in.left.get(i));
  }
  // 1. 新しい値を追加する
  controlSnow += min(sum / 2., 5);
  // 2. 値の上限を設定する
  controlSnow = min(controlSnow, 500);
  // 3. 時間経過とともに減衰させる
  controlSnow *= 0.99;
}
```

Tips 信号処理では、絶対値を加算するのではなく、二乗した値（$sample^2$）を合計し、最終的にその平方根（$\sqrt{sum}$）を取ることが多いです。ここではこの計算をする必要がないので、私たちがとったアプローチの方が少し速く実行できます。

processSound() 関数は、左チャンネルの絶対値をすべて合計し、入力サウンド全体の音量を計算します。異なるサウンドサンプルが互いに打ち消しあうのを避けるため、abs() 関数を使う必要があります（たとえば、サンプルが 0.4 と -0.3 の場合、平均値が 0.1 となってしまい、音量の近似値が得られません）。この音量から、コントロール変数 controlSnow の新しい値を計算します。この値はフレームごとに制限をつけています（500 を上限とし、100% - 99% = 1% ずつ徐々に減少する）※。この仕組みによって、パーティクルが（1）音量の変化に素早く反応し、（2）非常に大きな音量でも不自然に速くならず、（3）必ずベースラインの動作に戻ってくることを保証しています。この 3 点がインタラクションの境界線となり、インスタレーションの場所や見せ方に応じて微調整が必要になります。

※このインスタレーションでは、音量と平均的な音量を利用すると書きましたが、この作例では、音声入力の音量を使った別の方法を紹介しています。

何のためにこうしたことをしているのでしょうか。いいところに目をつけましたね。ビジュアルに入っていきましょう。パーティクルの動的な描画に変数 controlSnow を使っています。これまでは、パーティクルは上から下へまっすぐ流れ、下へ向かう途中で回転していました。controlSnow を使うと、環境音によってパーティクルの水平位置に影響を与えることができます。次のコードで、パーティクルの描画にこの機能を追加しています。

環境音でパーティクルの水平位置をコントロールする

```
for (PVector pos : positions) {
  // パーティクルを下向きに移動させる
  pos.y += abs(pos.z);

追加：
  // 音でコントロールされた風でパーティクルを移動させる
  float wind = constrain(map(controlSnow, 0, 500, -5, ⋯
5), 0, 5);
  pos.x += wind * abs(pos.z);
```

部屋が静かでマイクが音を記録していないときは、変数 controlFlow の値は非常に小さく、水平方向の移動がほとんどないようにマッピングされます。部屋の中で話し声や騒音があると、controlFlow の値が上昇します。この大きな値は、ゼロよりわずかに大きい値にマッピングされ、すべてのパーティクルの x 座標に追加されます。この結果、パーティクルは各フレームで右方向に少しだけ移動します。来場者の位置から見ると、左からの風がパーティクルを右へ飛ばしているように見えます。部屋の音が落ち着くと、controlFlow の値も小さくなり、水平方向の移動値がゼロに戻り、再び動きがなくなります。

ご想像の通り、このプロジェクトではこの他にもたくさんの微調整を行いました。あまりに多すぎてとても紹介しきれません。それでは、次の最終ステージへと進みましょう。

7.4　完成とプロダクション

「完成とプロダクション」のステップになると、作品をどのように展示するかを検討する必要がありました。最終的には、インタラクティブなインスタレーションと高解像度プリントによる作品集という 2 つの方向で検討しました。1 つ目の方向性では、展示スペースや設置条件、機材設備などを考え、最終発表のためにコードを調整する必要がありました。そして、2 つ目の方向性では、インタラクティブなインスタレーションの静止画を数点制作する必要がありました。静止画は印刷用に高解像度で作成する必要があります。

7.4.1　完成：空間インスタレーション

私たちは、《MOUNTROTHKO》を「昼」「正午」「夜」の 3 つのシナリオで制作しました。天井が高い 6.5 × 8 × 4 m の空間の白い壁に投影しました（**図 6-2**）。高解像度のプロジェクターを使用し、投影面の手前に低いベンチを設置しました。ベンチは壁から少し距離をおいて設置し、来場者の背後に設置した Kinect で来場者の姿勢（ベンチに座っているか、立っているか）を検出できるようにしました。Kinect や来場者の姿勢は何のために使ったのでしょうか？　《MOUNTROTHKO》の 3 つのシナリオ「昼」「正午」「夜」を切り替えるために、大まかな姿勢を使いました。

インスタレーション空間に移行する前に、このインタラクションを最もシンプルな方法、つまりマウスの位置を使ってプロトタイプを作りました。来場者の位置（左、中央、右）を、マウスの水平領域としてシミュレートしました。マウスが画面の 3 分の 1 にあれば第 1 シナリオに、3 分の 2 にあれば第 2 シナリオに、といった具合にそれぞれ対応させました。これは、第 1 部でバックステージ化と表現したもので、予測不可能な入力や複雑な入力を扱う際に、プロトタイプを作っておくことで楽になれるテクニックです。

インスタレーション空間に移行する際には、Kinectをキャリブレーションし、マウスの位置と同様の方法でマッピングできるような信頼できる位置情報を得られるようにしなければいけません。そのためには、Kinectの位置や向きについて少し試しておく必要がありました。この調整を試してみたところ、位置によってはシナリオがちらついたり、ジャンプしたりすることに気づきました。これは、位置の変数をKinectの入力から直接コントロールしていたためで、古い値から新しい値へと一気に飛んでしまうことがあったのです。この問題は、位置の変数をKinectから更新される`MemoryDot`オブジェクトに変更することで解決しました。第1部で、キャンバス上のパーティクルなどの動きをなめらかにする方法として`MemoryDot`を紹介したことを覚えていますか？　今回は、異なる入力値の間をスムーズに遷移させるために`MemoryDot`を使用しました。

7.4.2　印刷物の制作

2つ目の方向性として、《MOUNTROTHKO》の美しい高画質プリントを制作したいと考えました。あとで選べるように、37枚の高解像度画像をコードからレンダリングしました。第1部で説明したように、Processingではレンダリングしたキャンバスをさまざまな画像フォーマットで保存することができます。《MOUNTROTHKO》の最終的なプリントでは、画像の解像度を9000 × 9000ピクセルまで上げたいと考えました。この大きなキャンバスサイズに`size()`を設定するだけでは十分ではありませんでした。再定義したキャンバスに合わせて3つの山の位置を調整し、パーティクルの位置をランダムに初期化する必要がありました（**図7-9、7-10、7-11**）。

次に、レンダリングに適切なフレームを見つける必要がありました。これについては本書の第1部で詳しく説明しています。最後に最も重要なポイントは、高解像度の画像は動的な状態ではレンダリングできないので、スケッチの多くの可変パラメータを固定することでした。シナリオや色、マウスの位置などを静的な値に固定しました。こうした準備を済ませ、プログラムを実行し、印刷に適した大きな画像をレンダリングしました。実は、レンダリングした画像に後処理をする必要はありませんでした。色もサイズも完璧でした。これで今回のプロジェクトは完了です。

7.5 まとめ

この6年間、私たちは《MOUNTROTHKO》を含むさまざまなプロジェクトでともに制作してきました。コードを表現ツールとしてアート制作していると、すべてのプロジェクトに共通する「何か」があることに気づきました。本書を書き始めるにあたって、この共通する「何か」とは、プロジェクトで行ってきた一連のステップであると定義しました。そして、本書に書くことになったのです。この第2部では、プロジェクト《MOUNTROTHKO》を使って、本書の第1部で詳しく説明した「クリエイティブコーディングの4つのステップ」を説明しました。このアプローチを用いることで、本書のコーディングステップが実践から導き出されたものであり、実践に即したものであることを強調したいと思います。

実践から得たステップが、本書のようにきちんと論理的で整然としているわけではないことは確かです。ほとんどの場合、すべてが明確にステップの順序どおりに起こるわけではありませんでした。たとえば《MOUNTROTHKO》では、最初の2つのステップを何度も繰り返し、行ったり来たりしています。この作品を通して伝えたい意味と合致する要素や動きを見つけるのに時間がかかりました。3つ目のステップでは、風に吹かれて落ちていく雪のような「スロー」で「エレガント」な動きをどう表現するかで、予想以上に時間がかかってしまいました。4つ目のステップでは、インタラクティブなコードから高解像度の静止画をレンダリングしようとしたところ、色のパラメータが多く大変でした。

実際の現場で起きている制作プロセスは、本書で紹介したプロセスよりもずっと混沌としていて複雑なものです。これは、私たちが《MOUNTROTHKO》のすべてのコードを公開していない理由のひとつでもあります。《MOUNTROTHKO》にはバージョンやバリエーションが多すぎて、それぞれに厄介な部分を抱えているのです。もうひとつの理由は、芸術の自由と知的財産に関わるものですが、これはまた別の機会にお話ししましょう。

プロセスの話に戻りましょう。特に制作に没頭しているときには、緊急で重要だと思われるある種の「ウサギの穴」〔『不思議の国のアリス』のアリスが落ちた穴のこと。不思議な世界・超現実的で幻覚的な世界〕に無意識に入り込んでしまうことがあります。みなさんもこうしたことを体験するかもしれません。すべての制作フローが明確に合理的であるとは限りませんし、しばらくの間はすべてのプロセスを忘れ、クリエイティブなインスピレーションと「フロー」の感覚に集中したいこともあるでしょう。本書で説明したステップは、私たちにとって核となるエッセンスであり、長年にわたる実践（およびProcessingを使った教育）の中で現れたパターンです。そして、このエッセンスが、みなさんが作品をコーディングするときに方向性や集中力を失わずにいられる助けとなることを願っています。

図 7-9　《MOUNTROTHKO》シナリオ「昼」

図 7-10　《MOUNTROTHKO》シナリオ「正午」

図 7-11　《MOUNTROTHKO》シナリオ「夜」

https://yuzhang.nl/mountrothko/

第3部

コーディング実践

第8章 | 問題への対処

始めたばかりの人にとって、クリエイティブコーディングは探索すべき素晴らしいものがたくさんある、有望でエキサイティングな領域に見えるでしょう。同時に、その素晴らしいものの裏側には、多くの複雑なものや困難があるようにも感じるでしょう。確かに、最高の眺めだとは言えません。

これまでの章では、Processingを紹介し、たくさんの作例を示してきました。これらの作例は、重要な概念を説明し、みなさん自身のクリエイティブコーディングへの旅の出発点となります。それでも、みなさんは不思議に思うかもしれません。どうやってこれを自分のものにできるのだろう？　Processingのまっさらなスケッチからスタートし、夜中や朝のシャワー中に夢見たことを、どうやってコードで実現できるのだろう？　いい指摘です。

本書は、アイデア出しからプロトタイピング、そして最後のプロダクションまでのプロセスをたどっています。私たちは常にアイデア出しとプロトタイピングが重要であり、反復して行うべきだと強調しています。アイデアがあり、それを何らかの形（コード、コメント、あるいは単なるテキスト）で表現し、それを実行し、またアイデア出しに戻る。このプロセスこそ、みなさんが最も時間を費やすべきところです。このプロセスを敷居が低いものとしてはっきり描きましたが、あちこちで行き詰まることもあるでしょう。この章は、みなさんがプロセスのどこにいても「立ち往生」しないようにすることを目的としています。

8.1 自分で解決する

助けを得るための最も手っ取り早い方法は、多くの場合、自分で解決することです。そうは思えないかもしれませんが、こう考えてみてください。何が問題だったのか、最終的に問題を解決するのに必要な情報のほとんどは、すでに自分の頭の中かコンピュータの中にあるのだと。90%のケースで、特定の方向に目を向けたり、問題を別の角度で見るきっかけがあれば十分です。それだけなのです。

8.1.1　エラーメッセージが出るか、何も起こらない場合

それでは、さまざまな問題とその解決方法を順を追って見ていきましょう。最初のタイプの問題は、Processing で直接見ることができるエラーメッセージです。同じカテゴリーには、Processing がスケッチを実行しなくなったりクラッシュしたりする問題もあります。こうした問題はどれも突然発生し、直近のコードの変更をきっかけに起こります。Processing のキーワードを打ち間違えたり、セミコロンを書き忘れたりしたのかもしれません（どちらもエラーメッセージが表示されます）。ネットからコピペしたコードが、それまでのコードと単純に噛み合わないこともあります。その他にもいろいろな変更をしているでしょう。パターンが見えてきませんか。

よくあるパターンは、変更前はスケッチが動いていたのに、変更後に動かなくなったというものです。まず最初にできることは、問題なく動いていた最後のバージョンに戻ることです。やってみてください。すぐに気分が良くなりましたよね？

この小さな勝利を胸に、進めたステップを注意深くたどってください。どの行のコードを変更したのか。どこかにタイプミスはなかったか。変数や関数が依存しているものが抜けたコードを挿入していないか。ひとつの変更から次の変更へとゆっくりと作業を進め、その間にコードが問題なく動くかどうかを確認することが重要です。経験を積むと、危ない変更やコピペしたコードの欠陥について感じ取れるようになります。

8.1.2　コピー&ペーストで制作

私たちは、他の人が書いたコードを日常的に使用しています。Processing では、コアからライブラリ、サンプルまで、すべてのものが、みなさんがインスピレーションを得られるように公開されています。ネット上にはさらに多くのものが存在しています。ごく少数の人しか遭遇しないような非常に特殊な問題を解決するものがあったり、多くの人に向けた基本的なコードがあったりします。いずれにせよ、他の人のコードを使い、再利用することは、コーディング実践の一部です。そこで必要となるのは、いつ、どのような条件で、他人のコードを使ってよいのかについて知っておくことです。ほとんどの場合、使用したコードの開発者のクレジットを表示するのが基本です。つまり、開発者の名前を挙げ、感謝し、他の人がたどれるリンクを提供するのです。クレジットの表記は双方向に機能します。みなさんが時間を節約でき、作業を加速できたのと同じように、コードの開発者の多くも、自分の制作物がどこで使われているかを知りたがっていて、フィードバックを返してくれたり、問題の解決を手伝ってくれたりするかもしれません。盗作や他人の著作物を自分の手柄にするようなことは絶対にしてはいけません。

次に、より現実的な問題です。ウェブサイトなどの情報源からコードをコピーして、自分のコードにペーストするのは、スケッチに新たなコードを取り入れるだけにとどまりません。この新しいコードには、特定の問題解決を実現するためのコンセプト、アイデア、アプローチが付随しています。コピーしたコードが置かれていた周りの状況を覚えておくとよいでしょう。どうしてでしょうか。その状況によって、新しいコードがスケッチ内の既存のコードとどの程度うまく調和するかが決まるからです。

たとえば、自分のProcessingスケッチに、マウスが何回クリックされたかをカウントする変数`counter`があり、ウェブサイトからの新しいコードにも100個のアイテムをレンダリングするたびにカウントする変数`counter`が偶然にもあったとします。古いコードと新しいコードのどちらにも`counter`への変更が混在しているため、スケッチの挙動がかなりおかしくなってしまうおそれがあります。この問題を見つけるのは難しいかもしれません。なぜなら`counter`は自分でも書いたオブジェクトであり、見慣れているからです。

考えてみよう **そもそも`counter`という変数名がよくないと言うしかありません。何をカウントするのか、どのようにカウントするのか、はっきりしません。もし別のものをカウントする必要がでてきたら、`counter2`にします？　本気ですか。**

コピー&ペーストをより安全に行うには、Processingスケッチに新しい関数を作り、この関数に新しいコードをペーストするという方法があります。そして、自分のコードの適切な場所からこの関数を呼び出してみて、予期せぬ問題が発生しないかどうかを確認します。次に、新しいコードを見て、望ましくない副作用が起きていないかをチェックします。

覚えておこう **こうした注意を払いながらも、特にコピーしたコードを完全に理解していない場合は、コピペしすぎないようにするのをお勧めします。また、長いコードを扱うのは、短いコードを扱うよりも難しく、時間がかかることを認識しておいてください。そのため、自分のプログラムに長いコードをペーストしようとすると、まず新しいコードを理解しようとするあまり、特定の部分だけを統合するよりも時間がかかることがあります。**

副作用の例としては、グローバル変数へのアクセスや変更、キャンバスの平行移動、回転、拡大縮小、色や線などのスタイル変更などが挙げられます。グローバル変数の場合、何が起こっているのかをよく理解する必要があります。キャンバスの座標変換の場合、新しいコードの前後に`pushMatrix()`と`popMatrix()`を使用することで副作用を軽減することができます。スタイルの場合、新しいコードの前後に`pushStyle()`と`popStyle()`を使用することが助けになります。望ましくない副作用が起きていないことを確認したら、新しいコードを信頼し、次のステップでそのコードを使って制作することができます。

8.1.3 リファレンス

コードを実行しても期待どおりの結果が得られない場合、Processing（および使用した可能性のあるライブラリ）のリファレンスを確認することをお勧めします。Processingのリファレンスは、ウェブ上と、Processingのインストールの一部としてメニューの「ヘルプ」からでも利用できます。リファレンスには、Processingの関数の使い方を示した例、パラメータの意味と期待される出力の説明、そして多くの場合、関数の全般的な説明も記載されています。

プラットフォームとしてのProcessingは、学習をサポートし、結果に素早くたどり着けるように構築されています。同時に、Processingの開発者は、さまざまな状況で使用できる汎用性の高い関数のツールキットを目指しています。たとえば、`fill()`関数は、呼び出し後に描画するすべての図形やテキストの塗りの色を設定します。この関数では、1つ（グレースケール）、2つ（透明度つきのグレースケール）、3つ（カラー）、4つ（透明度つきのカラー）のパラメータを指定することができます。カラーモード（RGBやHSBなど）を変えると、パラメータによる出力結果も変わります。このように、一見シンプルな関数のようで、その使い方は非常に強力なことがわかります。Processingにあるのはこれだけではありません。`line()`による線の描画を`curve()`と比べてみてください。`line()`の使い方を理解していれば、`curve()`の使い方も想像できたのではないでしょうか。

リファレンスは、まさにこのような目的に応えてくれます。コアとなる機能の使い方を説明し、仕組みを解説してくれるのです。Processingを何年も使ってきた私たちでも、本書のためにProcessingのリファレンスに何度も立ち返りました。それは恥ずべきことではありません。

8.1.4 症状の検索

単純な問題があっても認めずにいたり、不可解な難問に行き詰まったりしたら、サーチエンジンに検索キーワードを入力することになります。検索することで発見を早めることができます。検索ワードは慎重に選びましょう。抱えている問題の症状を他の人にどう表現するかを考え、Processingが出したエラーメッセージもつけるようにしましょう。重要なのは、考えられる問題の根本的な原因を検索するのではなく、まず症状を検索する必要があるということです。なぜでしょうか。症状は事実であり、観察したものだからです。根本的な原因といっても、多くの場合、症状に対する推測や解釈であり、問題を引き起こした判断と同じ先入観にとらわれています。エラーコードが出ていたり、Processing（およびJava）の場合に`NullPointerException`のような明確な例外が発生していたら、その用語も含めて検索してください。

検索エンジンが結果を返したら、明らかな広告や詐欺を除外した後、2 つのことができます。クイックフィックス（迅速な解決策）があるかどうかを確認することと、問題をよりよく理解するために詳細を読むことです。多くの場合、厄介な問題を解決するために、ほんの数行のコードを追加したりオプション設定をするだけで済むクイックフィックスが用意されています。クイックフィックスはとても便利ですが、クイックフィックスを探すのに長い時間をかけるのはやめましょう。制限時間を決めて、問題をより深く理解するための検索を続けてください。他の人も同じような問題を抱えていませんか。ネット上で自分しかこの問題を抱えていないように見える場合、その検索ワードで問題ないでしょうか。別の問題だったり関連した問題だったりする可能性はありませんか。以前も同じ問題に遭遇したことがありませんか。よくあることですが、あるパターンの問題が何度も現れることがあります。

たとえば、前述の NullPointerException は Processing でよく発生します。これは Processing が初期化されていないオブジェクト（「ヌルポインタ」）のプロパティにアクセスしようとしたことを示すシグナルです。次のコードは、この問題を示しています。

NullPointerException を発生させるコード

```
PVector position;
void setup() {
  size(400, 400);
}

void draw() {
  rect(position.x, position.y, 40, 40);
}
```

このコードを実行すると、Processing のエラーメッセージ NullPointerException がただちに表示され、rect(position.x, position.y, 40, 40) の行がハイライト（強調表示）されるはずです。Processing がこのエラーを出すのは、PVector の position に実際の PVector オブジェクトが代入されていないからです。Processing は割り当てられていないオブジェクトのプロパティ x と y にアクセスした瞬間に失敗し、エラーメッセージでそのことを教えてくれます。マシンにこれ以上何かしてもらおうと期待できるでしょうか。ここでは最初の行を変更し問題を解決することで、Processing を簡単に助け出すことができます。

コードを 1 行だけ変更し問題を解決する

```
PVector position = new PVector(100, 100);
```

結局、うまくいかなかったことを突き止めるのに、かなりの時間を費やすことになります。でもここで、時間が失われたとか無駄になったとは決して思わないでください。制作の勢いを妨げていた当面の問題を解決するだけでなく、貴重な秘訣を学んだり、将来的に同様の問題を避けるのに役立つパターンを認識したりすることができるのです。問題を解決することは、何よりも学びになります。

8.2 人の助けを借りる

お伝えしてきた「自分で解決する」方法はオンラインの情報と対話する迅速な方法でしたが、受動的な方法でもあります。この方法は、検索し、結果を眺め、読みこみ、リンクや指示に従い、さらに読みこむ、といった流れで構成されます。オンラインで助けを求める方法は他にもあります。専門家であってもなくても、他の人とのコミュニケーションを通して助けてもらうのです。

8.2.1 適切な場所を探す

ほとんどのプログラミング言語、プラットフォーム、システムには、誰でも参加でき、助けを求めることができる専用のオンラインフォーラムがあります。フォーラムが特定分野に特化しているほど、みなさんの問題に関心を持ち、時間を割いて協力してくれる人たち（専門家とは限りません）を見つけられるチャンスがあります。考えてみてください。Twitter や Facebook のような一般的な SNS に自分の問題を投稿したとして、本当に質の高い助けが得られると思いますか。もしあなたが、先ほど述べたような有能で関心も意欲もある人と直接つながっているのであれば、話は別です。Twitter や Facebook では、たいていの人があなたの投稿に「いいね！」を押して「応援」してはくれるでしょうが、そこまでです。

SNS には小さなコミュニティもありますが、自由にアクセスできるわけではなく、過去の回答を簡単に検索することもできません。適切なフォーラムや専門的なディスカッションボードを直接見ることで、チャンスは広がります。このようなコミュニティの双璧が、

stackoverflow.com と openprocessing.org です（ちなみに、大学のような教育機関に所属しているならラッキーです。Processing やプログラミングがカリキュラムにあれば、助けを得られる可能性が非常に高いです）。

8.2.2　適切な質問をする

さて、適切な人や身近な人が見つかったところで、うまくいかないケースを見てみましょう。マナー違反（無礼、無口、過剰な要求、無知な行動）はもちろん、フォーラムでいちばんやってはいけないことは、質問に対する答えをフォーラムの過去の投稿から検索することなく、割り込んでしまうことです。そうした行いをすると、自分の時間も他の人の時間も無駄にし、間違いなく他の人からの好意を損ねてしまいます。そのため、質問する前に検索し、検索したことを質問の中に書いておけば、あなたの質問が以前に回答された質問と重複していると解釈されずに済みます。

この難関を乗り越えた次の課題は、自分の問題を「答える価値のある質問」として表現することです。うまくいかなくなる明確な兆候はあるか。理想的な結果はどうあるべきか。これまでに何を試し、どんな結果だったのか。Processing のバージョン、コンピュータの種類、OS、メモリ、周辺機器などの環境は何か。どんな出力を見たのか。`println()` などを使ってデータを記録したのか。問題の説明を長々と書かず、助けてくれる人にとって役立ちそうなことはすべて盛り込んでください。自分が知っていることを相手は知らないということを意識してください。自分にとって明らかなことでも、相手が理解するためには、何度か追加説明を必要とするかもしれません。

8.2.3　最小限の動作例

人に助けてもらう最も簡単な方法は、最小限の動作例を提供することです。これは、自分のコードの抜粋で、できるだけ小さく、問題を明確に示せるものです。これは言うほど簡単ではありません。自分のコードを新しいフォルダにコピーし、問題とは無関係そうなコードをすべて切り離します。関係のない依存関係、ライブラリ、リソースはすべて削除してください。自分や他の人が実行したときに、必ず問題が再現できる数行のコードになるまで続けます。この時点で、コメントがいかに大切かわかるでしょう。コメントは、自分が何をしようとしたのか、どのアプローチがうまくいかなかったのかを他の人に理解してもらう助けにもなります。動作例には、開始方法や、インタラクションが必要な場合の問題の再現方法など、説明を加えておきましょう。

ここまでやっていたら、解決策が見えてきたかもしれません。そうでない場合は、ネットで最小限の動作例を添えて質問を投稿することができます。うまくいけば、他の人がそのサンプルコードを試し、解決策を提供し助けてくれるかもしれません。残念ながら助けが得られずに振り出しに戻らなければいけない場合もあるので、その覚悟はしておいてください。

いずれにしても、フォーラムに問題を投稿したら、その場にとどまり、質問が来たらタイムリーに対応し、感謝の気持ちを表すようにしましょう。問題が解決したら、解決したと言いましょう。StackOverflowのようなサイトには、正しい答えをマークするボタンがあります。回答やコメントに「プラス投票」できることもあります。こうした行動をすることで、人々の関心を高め、ネット上で助け合うポジティブなフィードバックループが生まれます。もしかしたら、あなたも助ける側になれるかもしれません。

経験上、多くの場合、他の人が理解できるように書き出すことで問題を解決できることがわかっています。問題を表現し、最小限の動作例にパッケージ化することで、実際に問題を引き起こしているものが何かを理解し、自分で解決できるようになるのです。この方法は、「ラバーダック・デバッグ」と呼ぶこともあります。ラバーダック（アヒルちゃん）や他の動物、友人に、口頭で説明することで、問題を解決するという方法です。そう、私たちは本気で物体に話しかけることをお勧めしているのです。ぜひ試してみてください。

8.3　専門家との共同作業

このほかに、専門家に制作プロセスに参加してもらうという方法もあります。このような専門家は、身近なコミュニティで見つけたり、ネットで見つけたりすることができます。専門家は、ネット上の掲示板によくいる匿名や仮名の協力者とは違います。専門家とは、あなたが信頼している人であり、たとえ反対してきたり間違いを指摘してきたりしても、その意見を真摯に受け止めることができます。このトピックの節を立てた理由は、これまで紹介してきた気まぐれに現れる協力者と、本当の協力者は一緒ではないということを強調するためです。

8.3.1　専門家からのアドバイス

プロジェクトに専門家を起用する場合、どのようなスキルや知識が必要なのか、あるいは自分ではできない部分はどこなのかを明確に把握する必要があります。後者は重要な検討事項です。なぜなら、何らかのかたちで委任するものについては、その最終的な結果を明確にイメージしておく必要があるからです。

プロジェクトに関わる専門家は、自分の専門分野を超えて、率直な考えやアイデア、批評を提供することができるはずです。専門家のアドバイスは、システムの一部分だけでなく、より多くの部分を変更するようなものが多いので、実行するのは難しいかもしれません。しかしそうしたアドバイスを期待し、歓迎すべきです。

分割統治的なアプローチをとり、プロジェクトの中で専門家が取り組む領域を定義し、理想的にはプロジェクトの他の部分にあまり干渉されないようにすることもできます。専門家とより緊密に連携することで、制作や対話をよりスムーズに行うこともできます。さまざまなコラボレーションの方法を試してみる価値はあります。いちばんよいと思う方法を試してみてください。前向きにやりましょう。

8.3.2　専門家とのプロジェクト管理

誰と仕事をするにしても、どのように、どのくらいの頻度でやり取りをするのか、かかった時間に対する期待値はどれくらいなのか、プロジェクトが明確に定義されている場合は目標地点はどこにあるのかについて、事前に相手と合意しておきましょう。また、どのようにコミュニケーションをとり、どのような反応を得られそうかについても考えておきます。最後に、報酬と帰属について事前に合意しておきます。これらを書き出し、電子メールで確認します。なぜ他の人があなたとの共同作業を希望するのか、考えてみましょう。あなたが提供できるものがあるはずです。たとえば、クレジット（制作者表記）の共有、学習経験、別のプロジェクトでのあなたのスキル、お金、あるいはすべてが終わった後のパーティーやディナーなどです。私たちは、過去にクリエイティブなコラボレーションで苦労している人たちを見てきました。理由は簡単で、専門家や協力者に報酬を与えるという発想がなかったからです。結局、専門家が激減し、身近なコミュニティで誰に頼めばいいのかわからなくなるという絶望的な状況に陥っていました。

専門家は「熟知」しようとする傾向があり、人手のかかる解決策は主張しないかもしれません。特に技術系の専門家は、問題に対する「スマート」な解決策や自動化された解決策を提案することを好みます。しかし、本当の解決策は、クリエイターによる継続的な品質管理を含む、たくさんの作業が必要です。技術系の専門家にとって、クリエイターと一緒に仕事をすることは、反復作業を受け入れ、専門領域の「普通の」水準以上のクオリティを追求することを意味します。たとえば、技術的なアルゴリズムを下敷きにしたプロジェクトの最終段階で、出力の生成方法をいくつか改良する必要があったとします。こうした改良は、アルゴリズム自体の改良とはまったく関係がありません。しかし、それでもなお、アルゴリズムに多くの修正を加える必要があるのです。

考えてみよう　これは、潜在的な価値観の違いに由来しています。あなたはどんなことに価値を見出しますか。専門家だったら、どんな価値観を持っているでしょうか。

このような状況は、クリエイターが気づかないうちに、専門家にとってつらいものになっている可能性があります。その結果、双方とも結果に満足できないという事態になりかねません。クリエイターは、自分たちの品質基準が満たされておらず、プロジェクトが未完成だと感じ、専門家は、集中的に取り組んだことが最終的によい結果につながらず、評価されなかったと感じるからです。プロジェクトの最終段階では、労力、時間、精度の面で非常に集中的な作業が必要になりますが、そうなることが当たり前なのだと認識したほうがよいでしょう。この潜在的な対立を解決するには、良好なコミュニケーションと絶え間ない意見交換が必要です。プロジェクトの代表であるクリエイターは、この取り組みをリードし、先に進めることと全員に協力してもらうことのバランスをとる必要があります。

専門家と協働するということは、プロジェクトの成功に対する責任を共有し、帰属を共有することでもあります。映画のスタッフロールを思い浮かべてください。そこにはさまざまな役割や責任について、時には数百人の名前が挙げられています。このようなアプローチをとり、たとえ「自分の」プロジェクトであっても、関係者全員の帰属を示すようにします。プロジェクトは一連のコラボレーションの出発点に過ぎないことが多く、時間が経つにつれて互いをよく知り、より効果的に仕事をすることができるようになります。私たちは、最高のコラボレーションを構築するには数か月から数年かかることを発見しました。その後の仕事は、基本的にお互いの気持ちを察しあうことになります。こうしたことは意外と頻繁に起こることで、そうなるととても気分がいいものです。

第9章 | 学習経路

そろそろ終わりが見えてきました。本書を読み終えたら、次に何をすればよいでしょうか。たくさんの作例を試し、自分で手を加えてみていただきたいです。もしかしたら、曲線（曲線上の点、ベジェ曲線など）や3Dシェーダ（小さな「テクスチャのプログラム」を思い浮かべてください）のようなProcessingのトピックを、「ウサギの穴」に入って探求したくなったかもしれません。本書を書き始めたとき、私たちは読者の好奇心によって、時にあちこちに分岐していくような読書体験と制作体験を作りたかったのです。うまくいったでしょうか。

この章では、Processingの関数やライブラリの探索から、接続された技術、プロジェクトの実現、他の人の支援まで、次にできることにひとつずつアプローチしています。さあ、始めましょう。

9.1 Processingの探索

Processingを使いこなすと、自分なりのProcessingの使い方でプロジェクトを構成できるようになります。そのプロジェクトは自分の役にも他人の役にも立つようになります。

Processingは、細かいトピックに深く入り込む機会をたくさん提供している豊かなプラットフォームです。先ほど、曲線と3Dレンダリングという2つのトピックを紹介しましたが、他にも静的なグラフィック（本書の表紙のようなもの）からジェネラティブアート、格好いい映画の合成まで、さまざまなものがあり、ほとんど実現可能です。OpenProcessing.orgのようなサイトもありますし、ブログやビデオ（https://processing.org/tutorials/）でも新しいトリックを解説したり、Processingで生み出せる美を見せてくれています。Processingでデータを可視化したり、ゲームやアプリケーションを作ったりもできます。私たちは以前、楽器やマルチモーダルな体験をデザインする方法を教えるためにProcessingを使ったこともあります。

9.1.1　課題の設定

このような場合、学習の指針となる具体的なプロジェクトがあると便利です。プロジェクトは、ステップを前に進める土台となり、道の曲がり角で細部に迷いこんでしまうことを防いでくれます。持続可能な学習体験のための２つ目の重要な要素は、高望みをしないことです。学習曲線を急にしすぎず、ポジティブな流れに乗れるような学習課題を選びましょう。もし、成功の瞬間がなく、苦労が絶えないようであれば、いったん中断し、新たな計画を立ててください。

プロジェクトを始めるとき、学習と、本格的なアウトプットを組み合わせたくなる誘惑に駆られるかもしれないことを自覚しておいてください。このような二律背反の性質は、価値があり、モチベーションにもつながります。しかし、プロジェクトの旅に出る動機については、自分にも他人にも正直でいましょう。明確な成果物と期限を持った本格的なプロジェクトであれば、成果を出すことが最優先であることを明らかにしておきます。この場合、学習が果たす役割は小さくなります。学習が目的のプロジェクトでは、成果物に対する周囲の期待をコントロールします。このようなプロジェクトで望ましい成果は、スキルセットを強化し、新しい洞察や幅広い知識を得ることであり、非常に洗練された成果を作ることではありません。もちろん、最終的には素晴らしい成果を生み出す可能性もあります。

9.1.2　ツールセットの構築

Processingを使い続けていると、いくつかのトリックやパターンを何度も使うことになり、どのプロジェクトにも繰り返し現れることに気づきます。それをコピーするのではなく、さまざまな場面で再利用できるように関数化することを検討してはどうでしょう。ここでの学習ポイントは何でしょうか。これから、パターンを発見し、その範囲（適用される場所とされない場所）を特定し、パターンを分離し、いろいろな状況でパターンを適用できる関数にパッケージ化するというプロセスに向かいます。パターンが概ね当てはまっても、100%は当てはまらないという状況に遭遇したら、パターンをより柔軟にするためのパラメータを導入することができます。

例として、過去７つのプロジェクトで動きを扱ってきたとします。これらのプロジェクトを通して、動きのイージング（ビジュアルが加速したり減速したりする手法）を、ある特定の方法を用いて設計しました。このパターンは、その後のプロジェクトで、きわめて独特な特徴をもった動きのための小さなライブラリへと改良することができます。この関数群は自分の個人的なライブラリとなり、次のプロジェクトでは、動きの部分がカバーされているのでより速く制作することができます。

本書の中でも一度か二度、このようなことを行いました。たとえば、MemoryDot クラスはこの方法で開発しました。この原理をさらに発展させて、さまざまな関数やパターンを自分のライブラリにまとめることができます。こうすることで、ゼロからコーディングするよりもずっと速く、より洗練された方法で創造的なアイデアを表現できるようになります。ライブラリにまとめた関数群をコンパイルし、Processing ライブラリを作成することで、どの Processing スケッチでもライブラリを利用できるようになります。どのように作るのでしょうか。ライブラリの作り方は、「Processing library how-to」※で検索すると出てきます。

※https://github.com/processing/processing/wiki/Library-Basics

9.1.3　ツールセットの共有

自分のライブラリを何度か使っているうちに、その品質に自信を持ち、以前お世話になった人やネットで助けてくれた人と共有したいと思うようになったのではないでしょうか。ネットでコードをオープンに共有する方法のひとつに、GitHub、GitLab、BitBucket などのサイトを利用する方法があります。これらのサイトではコードを共有することができ、非常に構造化された方法で共有するための適切なオンラインツールを備えています。また、バージョン管理システム（git や mercurial）や、自分のコードを他の人がうまく活用できるようにするためのドキュメントの書き方についても学ぶことができます。こうしたトピックについては、まだまだ読むべき、学ぶべきことがたくさんあります。そのため、ここでは簡単にしか触れません。この方向に興味があれば、自身の新たな学習経路をたどることになります。

9.2　さまざまな技術

Processing で表現できることに限界を感じたら、他の技術に目を向けるのもよいかもしれません。とはいえ、Processing でプロジェクトを始めることは、コンピュテーショナルなアイデアを素早く創造的に「スケッチ」できるという点で、大きなメリットがあると私たちは考えています。ほとんどの場合、まず Processing のスケッチから始め、それから自分のアウトプットに合うように基盤の技術を変えることができます。

9.2.1 Processingの強化

Processingは、内部的にすべての機能を備えた多用途なフレームワークであるだけにとどまりません。Processingを使えば、Java、Groovy、Scala、Kotlin、Clojureなどの言語で実装された機能の広大なエコシステムにアクセスすることができます。20年以上前から、才能ある人々がこうした言語でアプリケーション、フレームワーク、コネクタ、ライブラリ、サンプルを構築していて、基本的にどれも利用可能です。Processingの公式ライブラリや提供ライブラリは、Processingのサイトからリンクされていますし、Processingのライブラリマネージャ（メニューの「スケッチ」→「ライブラリをインポート…」→「Manage Libraries…」）からも利用できます。これらのProcessing専用のライブラリを使用するだけで、標準的な周辺機器の入力やビジュアル出力とは異なる手法、ネットワークや接続性を作品に取り入れるさまざまな方法、可視化や動作シミュレーションのための高度な物理モデルにアクセスすることができます。

動きを扱う7つの連続プロジェクトという先ほどの架空の事例に戻ると、画面上の動きをさまざまな入力デバイスやサウンド出力に接続するために、ライブラリを使用することができます。最初の2つのプロジェクトではマウスの動きを使っていたとして、Kinectライブラリを使えば、人間の骨格トラッキングを使って腕と肩でスクリーン上の動きを変えることができます。これで、画面上のオブジェクトを文字通り「押す」ことができ、人体制御の側面と動きの視覚的な表示を結びつけることができます。いわば、自分の身体をマウスとして使うことができるのです。

Processingのライブラリのサイトを参考に、ライブラリマネージャでインストールするものをいくつか選んでみるのがよいでしょう。そして、Processingのサンプルウィンドウ（メニューの「ファイル」→「サンプル…」→「ライブラリ」フォルダ）から利用できるライブラリのサンプルに飛び込んでみてください。ほとんどのライブラリにはわかりやすいサンプルがいくつか付属していて、ライブラリでできることと使い方をコードで直接示してくれています。

9.2.2 実現可能性（フィージビリティ）の評価

Processingの学習経路のもうひとつの側面は、現在利用可能な技術やスキルセットから、何が実現可能で何が不可能かを見極め評価する能力を高めることです。こうした能力は、これまでは協働する可能性のある専門家の役割でした。あなたがやりたいことを説明すると、専門家がそれが可能かどうか、どのような条件下なら可能かを評価します。そうして初めて、チームはプロジェクトを進めることができていました。Processingを使ったクリエイティブスケッチは、このような明確な役割分担を本質的に問い直します。道具と技術をベースに、コンセプトを自己評価し未来に投げかけていく能力を、クリエイターであるあなた自身が獲得することを目指しているのです。

この能力はどうしたら身につくのでしょうか。そう問われて、「経験。長年の経験だね」と答えるのは、あまりにも単純すぎるでしょう。あるアプローチの実現可能性を評価することは、アイデアやコンセプトから実用的なプロトタイプに至るまでの道のりを想像してたどることだと理解できます。それは、制作の各ステップが前のステップの上にどのように構築されていくのか、そしてこの道のりのどこにも魔法は存在しないということを、頭の中でひとつひとつ可視化することを意味します。もし、ぼんやりとしか見えてこなかったり、技術的な魔法がかかったりしてしたら、止めてください。本書でこれまでに読んだことを思い返してみてください。パーティクルクラウドやテクスチャを使った制作は、一般的に実現可能だと判断できるのではないでしょうか。もちろんできます（できない場合は、第1部をもう一度読んでください）。本書のタイトルをパーティクルクラウドでレンダリングすることは可能でしょうか。順に考えてみましょう。パーティクルクラウド（作った、確認済）。テキストのレンダリング（できた、確認済）。最後は、テキストの位置の参照とパーティクルの動きの組み合わせでしょうか。難しそうですが、不可能ではありません。

9.2.3 Processingからの移行

特定のケースにおいては、さらなるプロトタイプを作成し、最終的な作品を開発するために、Processingが最適な環境ではないかもしれません。Processingは、Java言語とそのランタイムエンジンをベースにしています。このレイヤーがあることで、何の変更もせずに、異なるプラットフォームやOS上でProcesingのスケッチを実行できます。ただし、これには速度という犠牲が伴います。JavaのランタイムエンジンはProcessingスケッチとOSやハードウェアの間の中間レイヤーです。つまり、特に3Dレンダリングや「たくさんのもの」をレンダリングするような、何百、何千もの計算ステップを伴うものは、少し遅くなってしまうことがあります。

こうしたボトルネックがない技術もありますが、最初のうちは扱いにくいかもしれません。その一例がopenFrameworksです。Processingに似たプラットフォームで、関数の名前もよく似ていますが、C++というプログラミング言語をベースにしています。コーディングや作品の開発に異なる手法が必要な一方で、より高速な実行速度を手に入れることができます。

また、PureDataやMaxは、視覚的な流れをベースにしたプログラミング言語で、それぞれ独自の実行環境を備えています。これらは、信号、音、映像のストリームをベースとしたクリエイティブな作品の開発を支援するために設計されています。これらの言語は、高速化のために高度に最適化された「ブロック」という構成部品を提供し、ユーザーは非常に柔軟な方法でブロック同士を接続できるという考え方で作られています。ブロックを接続すると、フレームワークにデータがどのように流れるべきかを伝えます。あとは内部のブロックが行うため、Processing とはまったく異なるクリエイティブなフローが生まれています。

Processing の周辺やその先のコンピュテーショナルな世界を探求するのは、とても有意義な方向性です。技術が変われば、重視している核となる原則も違うことがわかるでしょう。学習やスケッチに重点を置くもの、データや音声信号を扱うことに重点を置くもの、他の技術とのつながりを重視するものなど、さまざまです。経験を積めば積むほど、次のプロジェクトが現れたり、インスピレーションが湧いたときに、よりよい選択ができるようになり、クリエイティブコーディングの制作プロセスに立ち戻ることができるようになります。

第10章 制作プロセス

この章では、コンピューティングとデータを素材とする制作プロセスについて見ていきます。この章をあえて本書の第3部に置いたのは、これまで書いてきたことを振り返ることにもなるからです。第1部と第2部では、考えることよりも作ることに重点を置いてきました。いよいよ本書のフレームワークを探る時が来ました。本章では、アイデア出しから始め、2つの異なるアプローチを見てから、抽象レイヤーや技術的な視点を制作の中に取り入れる方法について説明します。

10.1 2種類のアイデア発想法

以下では、意図的に二極化し、アイデア出し(アイディエーション)のアプローチを2つに区別してみることにします。この区別は少し極端で、実際には説明したとおりになるわけではないことは承知しています。むしろ、ほとんどのクリエイターは、両方のアプローチをミックスし、おそらく繰り返しながら、意味のある結果を導き出しています。

とはいえ、ちょっと見ていきましょう。クリエイティブな制作にテクノロジーが関わると、基本的に2種類のアプローチで発想することになります。「コンセプトベース」と「マテリアルベース」です。前者が問うのは、「コンセプトがあって、手持ちの素材をどう使えるか」で、後者が問うのは、「手元にある素材を探索した結果、どんなコンセプトを有意義に構築できるか」となります。以下では、Processingを使用した場合どう展開するかについて説明します。

10.1.1 コンセプトベースの発想法

このアプローチでは、コンセプトを起点にクリエイティブな制作がスタートします。おそらくProcessingに触るよりもずっと前からです。核となる課題は、頭の中にある抽象的なアイデアであり、コーディングを通じてアイデアを練るためにProcessingを使い始める必要があります。この場合、アイデアがどのように展開し、どのように見え、聞こえ、感じるかがわかっていることが多いです。

一般的な方法は、コーディングの種となる作例や他者の作品を探すことです。ネットで探したり、人とやりとりしながら作例を見つけ、その作例のコードを自分のアイデアに向かって書き換えることができるかもしれません。ビジュアル検索は、視覚的なアイデアを説明することから始めます。自分のアイデアを視覚的に具体的に説明する適切な言葉を探します。Google 画像検索、OpenProcessing.org、Processing のリファレンスマニュアルなどのオンラインリソースから始められます。これらの情報源が出す結果は、それぞれ異なります。一般的な画像検索エンジンでは、Processing では生成できないような非常に多様な結果が得られますが、ソースコードはありません。OpenProcessing.org や同様のサイト、Processing のリファレンスページでは、ソースコードが含まれています。これまでも指摘したように、他のクリエイターのコードを使って制作するのは難しいです。しかし、ほとんどの場合、小さな変更から始めて、その変更に対する反応を見ることで、コードの理解を深めることができます。

10.1.2　マテリアルベースの発想法

もうひとつのアプローチは、素材（マテリアル）からスタートします。この場合の素材とは、Processing を使ったコーディングのことです。伝統的な美術やデザインで使用される紙、ガラス、木、粘土といった物理的な素材とは異なり、コンピュータの計算とプログラミングは、新しいタイプの制作の素材と言えます。マテリアルベースの発想とは、この素材に何ができるのか、インタラクションにどう反応するのか、私たちがつついたらどう押し返してくるのかを探求することです。ここで投げかける問いは次のようなものです。「このテクノロジーは私たちに何をしてくれるのか？」「どうやってそれを行うのか？」「どこに限界があり、素材との境界をどう越えるのか？」。

もっと技術的な問いもあるかもしれませんが、概念的な課題に集中することに意義があります。何度か素材を使って実験しているうちに、徐々に作品のテーマやコンセプトが具体的になってきます。「技術的な素材があったとして、その素材につながる意味のあるコンセプトは何なのか？　どのレベルでつながるのか？」「何度も繰り返しながら、どうやってコンセプトを技術の上に構築できるのか？」「コンセプトは、これまで考えられていたのとは異なる、あるいはそれ以上のものを、どのように素材に要求するのだろうか？」。

この 2 つの方法には、それぞれ異なる着眼点があります。コンセプトベースのアプローチでは、技術的な素材をコンセプトを伝えるための手段として捉えます。マテリアルベースのアプローチでは、素材の捉え方が異なり、作品の核となる素材を表現し高めるための手段としてコンセプトを扱います。冒頭で書いたように、この区別は現実にはそれほど明確なものではありません。クリエイティブな制作は、アプローチや方法を柔軟に選択し、切り替えていくものです。自分の気持ちに従いましょう。

10.2 抽象レイヤーの使用

本書のコード例は、どれも要約したことで、ほとんどが1ページ以内に収まっていて、本文で説明しているいくつかの学習ポイントを詰め込んでいます。作例を見る方法は、もうひとつあります。すべての作例のレイヤーやコンポーネントを識別し、区別することです。

ここでは、制作プロセスにおけるレイヤーとコンポーネントの統合について、いくつかのステップを説明しながら実践していきます。ステップはさまざまな反復と関連しています。反復とは、レイヤー間のつながりを作ることで、次に進む前に何度も反復します。まず、第1部の冒頭で示したシンプルな動作とアウトプットの組み合わせから始めます。

10.2.1 1回目のループ：動作から出力へ

1回目のループは、スケッチに動作があることを理解し、そこから、まだインタラクションはありませんが、画面上に出力を生成しています。このループについては、主に本書の第1部で説明しました。ここでは、アイデアをビジュアル要素に変換し、出力でその要素の外観を変換しようとしています。作例を見てみましょう。

キャンバスの中心の周りを回転する白い円の描画（Ex_1_first_loop）

```
void setup() {
  size(400, 400);
}
void draw() {
  background(0);
  translate(width/2, height/2);
  rotate(radians(frameCount));
  ellipse(20, 20, 20, 20);
}
```

この作例では、キャンバスの中心の周りを回転する白い円を描いています。コードはとてもシンプルで、純粋に描画や位置を指定するコマンドだけで構成されています。フレームごとに、背景を消し、translate() と rotate() を使ってキャンバスの位置を指定し、最後に ellipse() で円を描いています。キャンバスは中心位置に固定され、回転角度は frameCount によって変化します。このパターンは以前にも本書に登場しました。

ここでは、単純な動作が出力を生成しています。色や中心からの回転距離など、ビジュアル要素の外観について反復したくなるかもしれません。このような反復の結果、プログラムされた動作や出力に変化が生まれますが、主成分である動作や出力を超えることはありません。そのためには、データが必要になります。

10.2.2　2回目のループ:データの追加

本書の第1部の少し進んだところでは、データとデータ構造が、より複雑な動作や出力を作成するのに役立つことを紹介しました。たとえば、たくさんのものを含む場合や、数フレームにわたって進行する変化などを作成する場合です。以前は唯一の描画方法として draw() ループを使ってきましたが、このループの1回の反復は、前や次の反復につながることはなく、それ自体で独立しています。

データを使えば、反復で起こったことの記憶としてデータを保存し、次の反復でその記憶を利用することができます。先ほどの作例で試してみましょう。

ひとつ前の作例に変数 position の導入（Ex_2_second_loop）

```
PVector position = new PVector();
void setup() {
  size(400, 400);
}
void draw() {
  // データ
  position.x = width/2 + cos(radians(frameCount)) * 20;
  position.y = height/2 + sin(radians(frameCount)) * 20;
  // データをもとに描画する
  background(0);
  ellipse(position.x, position.y, 20, 20);
}
```

前のスケッチと比較すると、キャンバスの中心の周りを回転する白い円という同じ動作と出力が確認できます。しかし、コードを見ると違います。この作例では、データ（position 変数）を導入し、draw() 関数では、まずデータを変更してから描画しています。つまり、データと描画を分離したのです。たとえば、データに影響を与えるインタラクションを追加するなどして、描画部分とは無関係にデータを変更することができるようになりました。

10.2.3　3回目のループ：入力とインタラクションの追加

入力を追加すると、予測不可能ながらも想定外とは言えないデータを扱う動作も作成します。これはどういう意味でしょうか。インタラクションの入力は、まったく予測することができません。ユーザーが 2.3 秒以内にマウスを右に 20 ピクセル動かすか、34 ピクセル動かすか、あるいは 5.4 秒以内に動かすか、といったことは予測できません。だからといって、この入力データを扱えないわけではありません。データ構造とスケッチの動作を、ユーザーの入力に対応できるように、より強固なものにすればよいのです。この瞬間、私たちはよりすぐれたスケッチを作成したことになります。それは、より多様な入力データで動作するため、最初の 2 つのバージョンよりも豊かな出力を示すようになります。次の作例では、データ部分だけを変更しました。

マウスポインタの周りで円を回転させる（Ex_3_third_loop）

```
// データ
position.x = mouseX + cos(radians(frameCount)) * 20;
position.y = mouseY + sin(radians(frameCount)) * 20;
```

まず、マウスポインタの周りの位置を変数 mouseX と mouseY を使って設定し、回転の中心位置をコントロールします。これで、回転する円は、マウスでコントロールした回転の中心を基準にして位置が変わるようになりました。さらに一歩進めて、回転速度と距離をコントロールする新しい変数を 2 つ導入します。

回転速度と距離をコントロールする変数の追加（Ex_4_third_loop）

```
// データ
float speed = 10;
float distance = 20;
position.x = mouseX + cos(radians(frameCount) * speed) ⋯
* distance;
position.y = mouseY + sin(radians(frameCount) * speed) ⋯
* distance;
```

まだ動作に変化はありませんが、マウスの速度に応じて速度も距離も変化させるための準備をしました。現在のマウスの位置と直前のマウスの位置（pmouseXとpmouseY）との距離をdist()関数で計算しています。この距離をspeedとdistance変数に使うようにしました。

現在のマウスの位置と直前のマウスの位置の距離を利用（Ex_5_third_loop）

```
// データ
float energy = dist(mouseX, mouseY, pmouseX, pmouseY);
float speed = map(energy, 0, 30, 4, 0.5);
float distance = map(energy, 0, 400, 30, 100);
position.x = mouseX + cos(radians(frameCount) * speed) ⋯
* distance;
position.y = mouseY + sin(radians(frameCount) * speed) ⋯
* distance;
```

残念ながら、この効果はあまりはっきり見えません。マウスを素早く動かすと、何かが起こっているように見えますが、ゆっくり動かしてよく見ようとしても、その効果は消えています。マウスの「エネルギー」消耗が早すぎて、効果がよく見えないのです。そこで必要なのが、エネルギーを保存し、効果を観察できるようにゆっくりとエネルギーを放出する、特別なデータです。energyをグローバル変数にし、エネルギーを保存し、ゆっくりとゼロへと減少させるようにします。

energy変数に距離を格納（Ex_6_third_loop）

```
PVector position = new PVector();
float energy = 0;
void setup() { size(400, 400);
  stroke(200);
}
void draw() {
  // データ
  // energyにdistanceを追加する
  energy = energy + dist(mouseX, mouseY, pmouseX, ⋯
pmouseY);
  // energyをフレームごとに2%分（100%を98%に）減少させる
  energy = energy * 0.98;
  float speed = map(energy, 0, 30, 4, 0.5);
  float distance = map(energy, 0, 400, 30, 100);
  position.x = mouseX + cos(radians(frameCount) * ⋯
speed) * distance;
  position.y = mouseY + sin(radians(frameCount) * ⋯
speed) * distance;
```

```
  // データをもとに描画する
  background(0);
  ellipse(position.x, position.y, 20, 20);
  // 2行追加する
  line(position.x, position.y, 0, height/2);
  line(position.x, position.y, width, height/2);
}
```

ここでは、マウスの動きのエネルギーを保存し、energy の値に 0.98 を掛けることで減少させています。この2行のコードで、マウスの動きのエネルギーが蓄えられ、蓄積したエネルギーがゆっくりと解放されるようになりました。これで、効果がよりはっきりしたはずです。動きがよく見えるように、draw() の最後にキャンバスの左右につながる線を2本追加しました。

それでも、距離と速度に十分満足できないかもしれません。それを解決するために、バックステージを追加することができます。

10.2.4　4回目のループ：バックステージの追加

バックステージを追加すると、ユーザーや訪問者のインタラクション入力に対する調整能力を実装できます。この能力によって、クリエイターは入力データよりも優先して動作をコントロールし、入力データを再生、加工、消去する二次的な美学を手に入れることができます。バックステージ化は、体験（エクスペリエンス）を修正、デバッグ、維持する手段であるだけでなく、それ自体がクリエイティブな技法でもあるのです。

現在の作例にバックステージを追加するには、スケッチ内の任意の値を調整できる Tweak モードで実行するのがよいです。どうしてこれもバックステージ化と呼べるのでしょうか。Tweak モードは、マウスによる主要なインタラクションから独立して動作し、コードに直接作用するからです。これもインタラクションだと感じるかもしれませんが、重要な違いがあります。通常のインタラクションは、コードの動作を根本的に変えることはありません。永続的な変化をもたらすものではないのです。しかし、Tweak モードなどのバックステージ化は、スケッチの体験（エクスペリエンス）と動作に永続的な効果を与えることを目的としています。

10.2.5　レイヤーを使った制作プロセス

この節では、抽象レイヤーとその間のループというレンズを通して、進化していく作例を見てきました。まず、動作のレイヤーと出力のレイヤーの間のループから始め、次にデータを追加しました。これらのレイヤーをコード内である程度分離することで、他のレイヤーを変更することなく特定のレイヤーに変更を加えることができるようになりました。これは、より構造的されたコーディングの方法につながります。理想的なのは、変更を加えてからコードを再度実行し、出力に変更が反映されるのを確認することです。もし、データを変更し、動作をそのままにしておくと、出力はどうなりますか。もし、インタラクションによってデータを変更し、動作をそのままにしておくと、出力はどうなりますか。バックステージ化で出力に影響を与えることは引き続きできますか。

`draw()` 関数は、多くの Processing スケッチの中心的な存在であり、アニメーションの動作が生まれる場所です。すべての描画の動作をデータやインタラクションと緊密に結合させるのは魅力的です。本書のほとんどすべての作例は、簡潔なコードで、紙面に合うように、`draw()` にコードを集約しました。みなさんのスキルやスケッチが上達するにつれて、`draw()` のコードを整理する別の方法を理解することができるでしょう。入力、データ、動作、出力を緊密に織り交ぜるのではなく、`draw()` や他の関数に分離するようにしてください。

draw() 内のコードを整理する

```
void draw() {
  // 入力（インタラクション、ネットワークなど）

  // データ

  // 動作

  // 出力
}
```

最初は、マウスの位置を読み取ったりセンサーのデータを取得したりといった、入力を扱うコードを書きます。次に、入力に応じてデータ構造を変更します。このデータがスケッチの動作を駆動し、その結果が出力になります。

結　び

本書はこれでおしまいです。私たちは、制作プロセスに沿った４つのステップで「コーディング・アート（クリエイティブコーディング）」にアプローチする方法について詳しく解説しました。本書は、従来のプログラミングの本とも、アートや制作プロセスに関する本とも、まったく異なる書き方をしています。この本では、コードと制作プロセスという２つの視点を組み合わせています。なぜなら、この２つの視点は一体であり、互いに豊かにしあえると考えているからです。

長年にわたって私たちは、数えきれないほどの若いクリエイターたちが、「なんとなく」導入された形式を重んじるコード教育に苦しんでいるのを見てきました。人間やクリエイターのニーズではなく、マシンの論理に従ったコンピュータ・カリキュラムの硬直した構造は、技術のあり方を深く理解するのに役に立つものではありません。同時に私たちは、ひとたびテクノロジーが関わると制作プロセスに苦悩する人々の姿を目にしてきました。どこからスタートすればよいかわからなかったり、成果を上げる自信が持てなかったり、超基本のレベル以上の豊かな概念に触れることができなかったりしているのです。このため、本書では、一貫して制作プロセスを扱い、好奇心やクリエイティブな関心を惹きつけることで、コードの厳しさを和らげました。自分の創作の実践に役立つという明確な動機がなければ、関数や再帰、クラスについて知ろうとはなりません。

「はじめに」で、本書をクリエイター、教育者、技術者という３つの主要な読者に向けてメッセージを届けると書きました。たとえあなたがその輪の中にいなかったとしても、自分自身がメッセージの受け手なのだと感じてくれたらうれしいです。私たちは、そんなあなたのためにこの本を書いたのです！

最後までおつきあいいただき、ありがとうございました。コードを使って自分の限界に挑戦し、エキサイティングな瞬間と美しい経験がたくさんあることを祈っています。ひとまず、さようなら！

エピローグ

クリエイター、教育者、技術者のための本を書くという企画が固まる以前の、2017 年初頭から、アートやデザインにおけるコーディングについて書きたいと思っていました。私にとっては、博士課程を修了し、コードによる表現が作品で重視されるようになってから、この本を書こうという気持ちが強くなりました。その前の数年間の自分の学習経験を振り返ると、インタラクティブなインスタレーションのためにコードと制作の両方の安定性を確保することは、単にアイデアを思いつくことよりもはるかに重要であることに気づきました。さらに実践を深めていくと、他にもたくさんの重要なポイントがありました。専門家と協働すること、助けを求めること、同じインスタレーションとその技術を異なる展示スペースで発表すること、その過程で何にこだわり、いつ軌道修正するか、といったことです。

こうした気づきを、すべて明確な教訓やステップにして書くことは容易ではありませんでした。また、昔ながらのデザイン学部でインタラクションデザインを教え始めた自分の経験も動機となっています。コーディングやテクノロジーに関するプロセスやトレーニングが不足しているため、学生たちはインタラクションとは何か、どうやって体験をデザインするのかを想像するのに苦労していることがわかったのです。多くの学生は、ほんの数歩踏み出しただけで諦めてしまいました。学生たちにとって、コードを使った制作を学ぶのは、他の制作の道具とはまったく異なるものです。学生たちには、ちょっとした発想の転換や、よりよいアプローチ、さまざまなインスピレーションが必要だったのです。本書を執筆するにあたって、私たちはテクノロジーを追うのではなく、制作プロセスとクリエイターのニーズから出発することにしました。そして、それがうまくいったと思っています。（ユ・ジャン）

* * *

さて、本書の最後まで読んでいただいたところで、ユと本書を執筆するにいたった思いを説明させてください。私が「クリエイティブ・プログラミング」という授業で Processing を教え始め、その後いくつかのワークショップでも教えたとき、学生やワークショップの参加者が、Processing を使って面白おかしい、ばかばかしい、あるいは美しい結果を実に素早く出してくることに驚かされました。このプラットフォームを使うことで、学生たちは、私が示した作例をタイプしたり、バリエーションを作ってみたり、自分自身の制作方法を発見したりすることができました。しかし、Processingを使った「プログラミング」の教え方に限界を感じてもいました。ネット上には、「緑色の四角形を描こう！」とか、「こうしてみたら、わお、こうなったよ！」といった、とても親しみやすいスタート地点がたくさんあります。ところが、すぐに、たくさんの関数一覧や従来のプログラミングのトピックと変わらない内容になってしまうのです。コンピュテーショナルな創造性や制作プロセスにおいては、たとえコードについて話していたとしても、注目するところが違うのです。

Processingを指導したなかで最高の体験のひとつは、2016年3月の最も即興的なものでした。私はProcessingを開き、タイピングしながら説明を始めました。私のノートパソコンの画面は、壁に映し出されていました。この短いワークショップの参加者は、私がタイプする画面を見ていました。時折間違ったりタイプミスをしたら、それを説明し修正しました。参加者は、私がスクリーンに映し出したものを自分なりにアレンジして、ひたすらタイピングしていました。それから2時間、私たちはほとんどの図形を扱い、アニメーションの設定の一部に触れました。全員のスピードを上げるのに、スライドや箇条書き、数式は必要ありませんでした。このワークショップの後、参加者はチームを作り、かなり複雑なスケッチやプロトタイプを作り続けることになったのです。

デザイン学部での授業について、改めて考えてみました。私は、コードを扱うことの実際の難しさや、最初の数ステップの後に展開する複雑さについて、準備している授業がほとんどないことに戸惑いを感じることがあります。コードの例を見たり、ウェブ上の既存の作例を目的もなくいじったりすることは簡単でわかりやすいように思えますが、あるコンセプトが頭の中にあって、それをコード化する必要があるとしたら、どうなるでしょうか。もし、自分の目標に似たものがネット上になかったり、何時間やってもうまくいかなかったりしたら、どうでしょう。こうした問題に遭遇したとき、私は自分の経歴や経験を活かして手助けできるかもしれないと思いました。多くの場合、「行き詰まり」を解消するためのステップはシンプルで、ほとんどレシピに沿ったものでした。でも、誰もこうした手順を教えようとは考えなかったのです。

長い間、この経験をより共有しやすいかたちにし、同時に制作プロセスに密着しながらトピックを広げるにはどうしたらよいかと考えていました。本書はその解決策であり、プログラミングのトピックに沿った構成ではなく、私たち自身のプロセスや経験に沿ったかたちで作りました。そのため、私たちは基本的なことを、関連した事柄や作例を挙げながら素早く進めていますが、読者のみなさんがProcessingのリファレンスできちんと整理できるような多くの情報は省きました。

私たちは、制作フローを刺激するために、最初のひらめきやアイデアから、どんどん発展した構造や複雑さへと向かう流れに乗って、本書を書きました。この流れは、インスピレーションが湧き、デザインやアートワークを具体化するときに必ず現れます。

本書のためにユと協働したことは特別な経験でした。私たちは、視点を何度も変えたり、アイデアや作例を細かく練り上げたり、本の大半を書き直したりしました。私たちが本書について議論し、執筆したときと同じように、みなさんも本書を楽しんでいただけたらと願っています。（マティアス・ファンク）

参考文献

[1] Stefania Bocconi, Augusto Chioccariello, Giuliana Dettori, Anusca Ferrari, Katja Engelhardt, P Kampylis, and Y Punie. Developing computational thinking in compulsory education. European Commission, JRC Science for Policy Report, 2016. https://komenskypost.nl/wp-content/uploads/2017/01/jrc104188_computhinkreport.pdf

[2] Jan Cuny, Larry Snyder, and Jeannette M Wing. Demystifying computational thinking for non-computer scientists. Unpublished manuscript in progress, referenced in https://www.cs.cmu.edu/~CompThink/resources/TheLinkWing.pdf , 2010.

[3] Michael Gr Voskoglou and Sheryl Buckley. Problem solving and computational thinking in a learning environment. arXiv preprint arXiv:1212.0750, 2012. https://arxiv.org/abs/1212.0750

[4] Milton D Heifetz. The aesthetic principle. Art Journal, 25(4):372–375, 1966.

[5] Dustin Stokes. Aesthetics and cognitive science. Philosophy Compass, 4(5):715–733, 2009.

[6] Charles Albert Tijus. Cognitive processes in artistic creation: Toward the realization of a creative machine. Leonardo, pages 167–172, 1988.

[7] Piet Mondrian. New York City. https://www.wikiart.org/en/piet-mondrian/new-york-city-i-1942

[8] Lisa Marder. What does the term 'form' mean in relation to art? https://www.thoughtco.com/definition-of-form-in-art-182437

[9] Shelley Esaak. What is the definition of texture in art? https://www.thoughtco.com/definition-of-texture-in-art-182468

[10] Lucy Lamp. Design in art: Scale and proportion. https://www.sophia.org/tutorials/design-in-art-scale-and-proportion

[11] Gemeentemuseum. Mark Rothko. https://www.kunstmuseum.nl/nl/tentoonstellingen/mark-rothko

[12] Oliver Wick. Mark Rothko. A consummated experience between picture and onlooker. Fondation Beyeler (Hrsg.): Mark Rothko, Kat.-Ausst. Fondation Beyeler Riehen Feb–April, pages 23–34, 2001. https://books.google.co.jp/books?id=BdQFngEACAAJ [20] Star Arts. Mark Rothko complete documentaire. https://www.youtube.com/watch?v=e135VhG4lgA〔リンク切れ〕

[13] Linda DeBerry. Silence is so accurate: Thinking about Mark Rothko. https://crystalbridges.org/blog/silence-accurate-thinking-mark-rothko/

[14] The Museum of Modern Art. The painting techniques of Mark Rothko. https://www.khanacademy.org/humanities/art-1010/post-war-american-art/abex/v/moma-painting-technique-rothko

[15] James EB Breslin. Mark Rothko: a biography. University of Chicago Press, 2012. 邦訳：ジェイムズ・E・B・ブレズリン，木下哲夫訳，2019,『マーク・ロスコ伝記』ブックエンド

[16] Annie Cohen-Solal. Mark Rothko: Toward the Light in the Chapel. Yale University Press, 2015. https://books.google.co.jp/books?id=3-NijgEACAAJ

[17] Grace Glueck. A newish biography of Mark Rothko. https://lareviewofbooks.org/article/a-newish-biography-of-mark-rothko/

[18] Mark Rothko. The artist's reality: Philosophies of art. Yale University Press, 2006. 邦訳：マーク・ロスコ，クリストファー・ロスコ，中林和雄訳，2009,『ロスコ 芸術家のリアリティ』みすず書房

[19] Alexxa Gotthardt. Mark Rothko on how to be an artist. https://www.artsy.net/article/artsy-editorial-mark-rothko-artist

[20] Star Arts. Mark Rothko complete documentaire. https://www.youtube.com/watch?v=e135VhG4lgA〔リンク切れ〕

[21] ARTtube. Mark Rothko. https://www.youtube.com/watch?v=Cosm67tJ5VY

[22] Tate.org.uk. Restoring Rothko. https://https://www.khanacademy.org/humanities/art-1010/post-war-american-art/abex/v/restoring-rothko

著者プロフィール

著者

ユ・ジャン（Yu Zhang［**章聿**］）
https://yuzhang.nl/

アーティスト。パブリックで大規模なインスタレーションのためのインタラクティブ技術の理論とアート実践で2017年に博士号取得。複合現実のインスタレーションとプロジェクション、センサーベースのインタラクティブ、コンピュテーショナルアートを使ってビジュアルアートにアプローチしている。表現のルーツには、アジアの伝統的な記号体系（シンボリズム）がある。ドラマと文化的記号をアートとして解きほぐし、インタラクティブ性と接続性の体験へと変換する。その体験は、最終的に芸術表現と観客の経験を橋渡しする。システムデザインツールキットを用いて、デジタルとフィジカルが融合したインスタレーションと観客の相互作用の時空間的文脈と戯れる複雑で多面的な体験を実現する。インタラクティブ性を起点に、作家、作品、観客、環境の間を接続するさまざまなレイヤーを構築する。その接続がダイナミックな観客体験の中で、モノ、空間、時間の構造と関係にどこまで影響を与え、再構築できるかを表現している。アートの研究と実践のほか、従来型の授業やデザイン主導のプロジェクトベースの学習活動など、幅広い分野で10年以上の教育経験をもつ。

著者

マティアス・ファンク（Mathias Funk）
https://mathias-funk.com/

アイントホーフェン工科大学（オランダ）工業デザイン学部フューチャーエブリデイグループ准教授。コンピュータサイエンスと電気工学の博士号（同大学）をもつ。研究テーマは、複雑なシステム設計、遠隔データ収集、音楽表現のためのシステム、およびドメイン特化型言語や統合開発環境などの設計ツールなど。これまでに、日本の国際電気通信基礎技術研究所（ATR）、ドイツのアーヘン工科大学での研究職のほか、オランダのフィリップスコンシューマーライフスタイルで客員研究員として勤務。また、アイントホーフェン工科大学のハイテク・スピンオフ企業であるUXsuiteの共同設立者でもある。ソフトウェアのアーキテクチャとデザイン、分散システムのエンジニアリング、ウェブテクノロジーに長年の経験を持つ。さらに、ドメイン固有言語とコード生成、音声・映像処理システム、データ・情報可視化アプローチに関心と実践を持つ。イノベーションのビジネス面、研究の商業製品への転用にも広く関わり、デザインの実世界への影響について考えることに関心がある。教員として、工業デザインのカリキュラムの中で、データや可視化のアプローチによるデザイン、システムデザイン、接続された製品やシステムのための技術など、技術志向のさまざまなコースを教えている。また、大規模なインタラクティブシステム、グループ即興音楽インターフェイス、音楽表現インタラクションに関する国際的なワークショップに定期的に招かれている。長年にわたり音楽家として活動しており、特に音楽、アート、デザインの交差点に大きな関心を寄せている。

テクニカルレビュアー

ビン・ユ（Bin Yu）

2012年に中国・瀋陽の東北大学で修士（医用生体工学）、2018年にアイントホーフェン工科大学で博士（工業デザイン）を取得。現在オランダのフィリップスデザインでデータデザイナーを務め、ヒューマンコンピュータインタラクションとデータ可視化の両方を専門としている。

謝　辞

私たちは2018年10月に本書を書き始め、数か月間にわたる執筆のプロセスを経て、札幌の天神山アートスタジオでの夏の集中執筆合宿をもって完成させました。小田井真美さんたちのもてなしと親切に感謝します。生い茂った木々の間を風が駆け抜ける、あの丘の上で過ごした数週間を忘れることはないでしょう。

2019年10月から、原稿を送ったレビュアーの方々に心よりお礼を申し上げます。素晴らしい意見や指摘、心温まる励ましと高い評価をいただきました。レビューいただいた方は以下の通りです。Loe Feijs（アイントホーフェン工科大学）、Jia Han（ソニー上海クリエイティブセンター）、Garyfalia Pitsaki（3quarters.design）、Bart Hengeveld（アイントホーフェン工科大学）、Joep Elderman（BMD Studio）、Ansgar Silies（アーティスト）、Rung-Huei Liang（国立台湾科技大学）。あなた方がいなければ、この本がこれほど明瞭で豊かなものになれなかったでしょう。また、Apressの素晴らしいチーム、ナタリー、ジェシカ、そして特に優れたテクニカルレビューをしてくれたビン・ユに感謝します。最後に、このプロジェクトをサポートしてくれた友人や家族に深く感謝します。

杉本達應（すぎもと たつお）
東京都立大学システムデザイン学部准教授。情報デザイン、デジタルメディア表現、データ可視化デザインの研究教育など。学生時代にジョン・マエダに触発され、クリエイティブコーディングを始める。共著に『メディア技術史』（北樹出版）。共訳書に『Processing』『Generative Design』（BNN）など。
lab.sugimototatsuo.com

たのしいクリエイティブコーディング
——Processingで学ぶコード×アート入門

2023年6月15日　初版第1刷発行

著者：ユ・ジャン、マティアス・ファンク
翻訳：杉本達應

発行人：上原哲郎
発行所：株式会社ビー・エヌ・エヌ
〒150-0022
東京都渋谷区恵比寿南一丁目20番6号
Fax：03-5725-1511
E-mail：info@bnn.co.jp
www.bnn.co.jp

印刷・製本：シナノ印刷株式会社

版権コーディネート：須鼻美緒
カバーアート：高尾俊介
日本語版デザイン：松川祐子
日本語版編集：村田純一

ISBN978-4-8025-1275-6
Printed in Japan